いちばんよくわかる！
柴犬の飼い方・暮らし方

成美堂出版

柴犬と幸せに暮らす5つのコツ

いぶし銀の魅力

りんとした立ち姿、ピンと立った耳、飼い主との強い絆。
柴犬は昔から日本人の心をくすぐる存在です。
柴犬と、もっと幸せに暮らす5つのコツを紹介します。

コツ 1
個性の理解が幸せの秘訣

柴犬は野性味にあふれているのが魅力。
一方で、新しいことが苦手だったり、
頑固な一面もあります。
「それが柴犬らしさ」と理解していれば、
柴の行動に納得でき、もっとなかよくなれます。

"犬"らしい姿も人気の秘密だよ

表情が豊かな柴。
ときに頑固さも見せる、
そんな特徴を理解して
あげましょう。

シニア犬にもおすすめの遊び。
フードを隠して本能を刺激します。

コツ2
フードを使って楽しく柴トレ

柴犬は本能に忠実です。
中でも強い本能の"食欲"を利用すれば、
柴犬が苦手なトレーニングも
スムーズに行えます。
遊びにも取り入れ、
楽しい時間を過ごしましょう。

ハウスの練習では、ごほうびを使いながら
よいイメージを印象付けていきます。

ごほうびを使えば
ブラッシングの時間が
楽しい時間になります。

フードを中に
仕込めるコングは、
ぜひ準備しておきたい
アイテムです。

最高〜♡

コツ3
毎日の散歩で絆を結ぶ

もともと野山で暮らしていた柴犬は、戸外で過ごすのが大好きです。ぜひ毎日散歩し、運動させてあげましょう。一緒に楽しい時間を過ごすことで、飼い主さんへの信頼感も深まります。

戸外では、家とは違った表情を見せてくれます。草の感触や外のにおいを、存分に味わわせてあげましょう。

おしゃれもするよ

ドッグランでは、ほかの犬と遊ぶこともあります。

飼い主さんとランランラン♪

ごはんは
毎日の
お楽しみ♪

ごはんはおもちゃを使い、
興味を引き出して
与える方法もあります。

コツ 4
おいしい柴ごはんで健康に

おいしいごはんは、
柴犬にとって毎日の楽しみです。
成長ステージや体調に合った、
栄養バランスのいいドッグフードで
健康管理してあげましょう。

手づくり
大好き

手づくり
ごはん

手づくりするときは、
栄養バランスのいい食事を
作ってあげましょう。

子犬、成犬、シニアと、
成長のステージに合ったフードを用意します。

寄り添って安心

子犬のころからたくさんふれ、人にさわられることにならしましょう。

ふかれても大丈夫

コツ 5
まめなお手入れで快適さをキープ

柴犬はふれられるのが苦手ですが、お手入れをまめに行うことでそれが当たり前になってきます。子犬のころから人がふれることにならすのが、お手入れしやすい柴にするコツです。

いつもサッパリ！

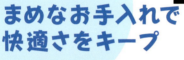

極楽♡

ふれられるのになれていれば、マッサージも喜びます。

はじめに

大事な家族♪
柴犬との楽しい暮らしをはじめましょう

　りりしくて愛嬌のある柴犬は、野性味あふれるコンパニオンアニマルです。日本で人気があるのはもちろん、海外でもShibaと呼ばれ、広く愛されるようになりました。

　柴犬は自立心があり、頼もしく勇敢ですが、ときに頑固な一面を感じることもあるかもしれません。

　人と柴犬が幸せに暮らすには、柴犬ならではの特徴を理解し、個性を尊重することが大切です。理解したうえで接すれば、絆を感じるかけがえのない時間を与えてくれるでしょう。

　いつまでも健康に暮らせるよう、毎日お散歩に出かけ、栄養バランスのいい食事を与えましょう。柴犬の本能を刺激する遊びで楽しませてあげれば、飼い主さんとの絆もいっそう深まります。

　柴犬との幸せな時間のために、ぜひこの本を役立ててください。

いちばんよくわかる！
柴犬の飼い方・暮らし方

もくじ

柴犬と幸せに暮らす5つのコツ

- **コツ1** 個性の理解が幸せの秘訣 ………… 2
- **コツ2** フードを使って楽しく柴トレ ………… 3
- **コツ3** 毎日の散歩で絆を結ぶ ………… 4
- **コツ4** おいしい柴ごはんで健康に ………… 5
- **コツ5** まめなお手入れで快適さをキープ ………… 6

はじめに 大切な家族♪ 柴犬との楽しい暮らしをはじめましょう ………… 7

Part 1 クセになる愛らしさ 柴犬の魅力

- 柴犬が人気の3つの理由 ………… 14
- ●飼い主さんに聞いた 柴のココが好き！ ………… 16
- ●柴犬ってどんな犬？ ………… 18
- ●柴犬のスタンダードって？ ………… 20
- ●柴犬のカラー・バリエ ………… 21
- ●柴犬の世界をのぞいてみよう ………… 22
- ●体の特徴をチェックしてみよう ………… 24
- ●見守ってあげよう 柴犬の成長カレンダー ………… 26
- ●柴3姉妹の成長記録 ………… 28
- **Column** 大事な家族を守る 予防接種 ………… 30

8

Part 2 柴犬をおうちに迎える準備

- 柴犬がくれる3つの幸せ ……… 32
- ●迎える前の4つのチェックポイント ……… 34
- ●柴犬はどこから迎える？ ……… 36
- ●なかよしになる柴犬選びのコツ ……… 38
- ●迎える前にそろえる飼育グッズ ……… 40
- ●柴犬を迎える部屋づくり ……… 42
- ●先住犬やほかのペットとの関係は？ ……… 44
- ●柴犬ともっとなかよくなる飼い主さんのタイプ診断 ……… 46
- Column 柴犬を飼うのにかかる費用 ……… 50

Part 3 柴ライフをはじめよう

- 柴犬となかよくなる3つのポイント ……… 52
- ●子犬を迎える日の過ごし方 ……… 54
- ●もっとなかよくなれるふれ方テクニック ……… 58
    - STEP❶ いろいろなふれ方を試そう ……… 59
    - STEP❷ そっと抱っこしてみよう ……… 60
- ●基本のしつけは初日からはじめよう ……… 62
    - 基本のしつけ❶ 生活リズムをつくろう ……… 64
    - 基本のしつけ❷ 名前を覚えてもらおう ……… 68
    - 基本のしつけ❸ ハウスになれさせよう ……… 69
- ●かむ！ さわれない!? 子犬の3大お悩み対策 ……… 72
    - 悩み❶ とにかくかむ ……… 72
    - 悩み❷ いたずらする ……… 74
    - 悩み❸ ふれさせてくれない ……… 75
- ●ハンドリングを練習しよう ……… 76
- ●プレ・トレーニングしてみよう ……… 78
- ●順応性を高める社会化レッスン ……… 80
- ●お留守番させてみよう ……… 82
- Column 預けて出かけるとき ……… 84

Part 4 絆を深める柴トレーニング

- 柴トレが大切な3つの理由 ……… 86

9

- 柴犬の本能と習性を知っておこう ………… 88
- 柴の気持ちがわかるボディランゲージ ………… 92
- 生活になれたら基本トレーニング ………… 96
  - 基本の柴トレ ❶ 　マテ（Stay：ステイ） ………… 97
  - 基本の柴トレ ❷ 　ダシテ（Release：リリース） ………… 100
  - 基本の柴トレ ❸ 　オイデ（コイ、Come：カム） ………… 101
  - 基本の柴トレ ❹ 　オスワリ（Sit：シット） ………… 102
  - 基本の柴トレ ❺ 　フセ（Down：ダウン） ………… 104
- お手入れに役立つ3つの柴トレ ………… 106
  - オテ（Hands：ハンズ） ………… 106
  - タッチ（Touch：タッチ） ………… 107
  - オハナ（鼻＝Nose：ノーズ） ………… 107
- 室内でも楽しめる柴遊び ………… 108
  - 柴にぴったりおすすめおもちゃ ………… 109
  - 柴遊び ❶ 　引っぱりっこ ………… 110
  - 柴遊び ❷ 　チョウダイ ………… 111
  - 柴遊び ❸ 　モッテコイ ………… 112
  - 柴遊び ❹ 　カジカジ ………… 113
  - 柴遊び ❺ 　ノーズワーク ………… 114

Part 5　柴犬の"困った"を解決

- 柴の"困った"が起こる3つの理由 ………… 118
- ●困った ❶ 　すぐかんでしまう ………… 120
- ●困った ❷ 　吠えてしまう ………… 122
- ●困った ❸ 　執着が強い ………… 124
- ●困った ❹ 　拾い食いする ………… 128
- ●困った ❺ 　外でないとトイレをしない ………… 130
- ●困っちゃうけど愛おしい　だって、柴だから ………… 131
- 🐾 Column　しつけ教室を利用しよう ………… 132

Part 6　柴散歩、お出かけを楽しもう

- 柴散歩の4つのメリット ………… 134
- ●お散歩前に準備をしよう ………… 136
- ●はじめてのお散歩に出かけよう ………… 139

- 柴散歩の基本メソッド ……… 142
- 柴散歩の基礎トレーニング ……… 144
    - 柴散歩のプレ・トレ❶ ツイテ（Heel：ヒール）……… 144
    - 柴散歩のプレ・トレ❷ アイコンタクト（Eye contact）……… 145
    - 柴散歩の基礎トレ❶ ツイテ（Heel：ヒール）／**ヒールウォーク**（Heel Walk）……… 146
    - 柴散歩の基礎トレ❷ マテ（Stay：ステイ）……… 148
- 公園・ドッグランへ行ってみよう ……… 150
- so cute! 柴のお散歩ファッション ……… 154
- 外遊びで本能を刺激しよう ……… 156
- 散歩後のボディケア ……… 158
- ドッグカフェで柴とくつろぐ ……… 159
- Column お泊り旅行に挑戦しよう ……… 160

Part 7 健康を守る毎日の柴ごはん

健康を育む柴ごはんの3原則 ……… 162
- 柴犬に合うフードの選び方 ……… 164
    - おやつはしつけのごほうびに ……… 167
- ライフステージごとのフード選び ……… 168
- 柴ごはんの与え方の基本 ……… 170
- 少食柴と食いしん坊柴のごはん対策 ……… 172
    - 少食柴には ……… 172
    - 食いしん坊柴には ……… 174
- 肥満ぎみ、といわれたら ……… 176
- Column 手づくりフードを与えてみよう ……… 178

Part 8 習慣にしたい柴のお手入れ

お手入れが必要な3つの理由 ……… 180
- 快適さを保つブラッシングのコツ ……… 182
    - ブラッシングのプレ・トレーニング ……… 183
    - ブラッシングの手順 ……… 184
- 毎日お手入れしよう ……… 186
    - 目をきれいに ……… 186
    - 歯みがきを習慣に ……… 187
    - 爪切りはこまめに ……… 188

耳をチェックしよう ……… 189
● 清潔を保つボディケア ……… 190
　　　シャンプーの手順 ……… 191
　　　ドライヤーのかけ方 ……… 193
● マッサージで絆を深めよう ……… 194
🐾 Column　季節ごとの柴ケア POINT ……… 196

Part 9　健康管理でご長寿柴をめざす

健康を守る4つのポイント ……… 198
● 健康チェックを毎日しよう ……… 200
● 動物病院の探し方・かかり方 ……… 202
● どうする？　去勢と避妊手術 ……… 204
● 応急処置法を知っておこう ……… 206
● シニア犬と暮らすコツ ……… 208
　　　加齢で変わること、してあげられること ……… 208
　　　生活を見直してあげよう ……… 210
● 柴犬がかかりがちな病気ガイド ……… 212
　　　目の病気 ……… 212
　　　耳の病気 ……… 212
　　　皮膚の病気 ……… 213
　　　呼吸器の病気 ……… 213
　　　お腹の病気 ……… 214
　　　ホルモンの病気 ……… 214
　　　泌尿器の病気 ……… 215
　　　骨・関節の病気 ……… 215
　　　生殖器の病気 ……… 216
　　　脳・神経の病気 ……… 216
　　　柴犬に多い"認知症"のこと ……… 217
● シニア・病気・認知症　柴のケアのポイント ……… 218
● 愛しい柴とのお別れのとき ……… 220
🐾 Column　定期健診で健康管理 ……… 222

12

Part 1

クセになる愛らしさ 柴犬の魅力

柴犬が人気の
3つの理由

キリッとした表情がりりしい柴犬は、昔から日本人と暮らしてきた人気の犬種です。その魅力を探ってみましょう。

理由 1

日本人の心をくすぐる

ピンと立った三角の耳に、とがったマズル、くるんと巻いたシッポなど、柴犬は日本人が思い描く「犬」そのものです。似た姿の埴輪が縄文時代の遺跡からも見つかっており、日本人のDNAに訴えかける何かがあるのかもしれません。

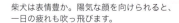

柴犬は表情豊か。陽気な顔を向けられると、一日の疲れも吹っ飛びます。

理由 2
飼い主さんに一途

　もともと猟犬や番犬だった柴犬は、賢くて飼い主さんに忠実です。信頼関係を築いた人にはとことん一途で愛情深く、1対1の絆を結びます。一方で知らない人には警戒心が強く、そんなギャップも魅力です。

海外でも大人気！

　2009年にアメリカの映画『HACHI 約束の犬』で柴犬がハチ公（秋田犬）の子犬時代を演じたことをきっかけに、柴犬は海外でも知られ人気になりました。「京都を柴犬と歩いていたら、外国人観光客に囲まれ撮影大会になった」といった話も聞きます。
　日本では、保険会社が調査する人気犬種ランキングでは2016年以来No.4の座をキープしています。古くから日本人の心に刻まれた相棒として、安定の人気犬種です。

理由 3
野性的なのに人間っぽい

　柴犬は、狼にもっとも似たDNAをもつ、野生に近い日本犬です。感情表現がわかりやすく、驚いたり、喜んだりするたびに反応が表情と行動に現れます。妙な人間っぽさが、とてもかわいらしく和ませてくれます。

「信頼してるの」

飼い主さんと1対1の関係を結ぶ忠犬、柴犬。一途さが魅力です。

Part 1　クセになる愛らしさ　柴犬の魅力　柴犬が人気の3つの理由

飼い主さんに聞いた 柴のココが好き！

> わたしの行く道は、飼い主さんの行く道

自分があり、自由であるところ

「飼い主さんと向き合うのではなく、同じ方向を向いている」とも言われる柴。強い絆が結ばれます。

我が強かったり、甘えてきたりギャップがたまりません

かまおうとするとプイ、と避ける一方、ふいに甘える柴犬。ツンデレっぷりにやられる飼い主さん続出です。

安らかな寝息と寝顔は、いやしの極致。いつまで見ていても飽きません。

Part 1 クセになる愛らしさ 柴犬の魅力

飼い主さんに聞いた柴のココが好き！

どの角度から見てもいやされる♡

慎重なくせに、飼い主さんにはとことん無防備な姿を見せることも。得意のヘソ天を披露。

柴、落ちてます

単純（男子）・頑固・マイペース・クール・立ち耳・巻き尾、すべて愛おしい！

嫌だと思ったら、断固拒否する柴。"柴拒否"は困るけれどかわいくて、ついシャッターを切りたくなります。

自立していて野性味があるところ

バラバラなところが柴っぽい！

人にパーソナルスペースがあるように、柴には特有の"柴距離"があります。

17

柴犬ってどんな犬？

狩猟犬だった、りりしく賢い日本犬

小動物や鳥の狩猟犬として活躍していた柴犬は、日本犬の中でも小柄で古くから飼い犬として人気がありました。賢く、信頼する人には1対1の強い絆を結んでくれます。

一方でなわばり意識が高く、警戒心が強いなど、野性味があるのも特徴です。賢さを引き出し、かつ飼い主さんに従順に穏やかに暮らせるよう、しつけが大切な犬種です。

姿
立ち耳、ふさふさのシッポと日本人が思い描く"犬"らしい素朴な姿。その中にも、気迫と威厳が感じられます。

性格
大胆で勇敢、飼い主さんに忠実です。独特の威厳と独立心があり、頑固な一面も。

体力
もともと野山を走っていた猟犬だったため、野性味にあふれ運動量は多く体力もあります。

毛質
ダブルコートと呼ばれる二重構造。抜け毛は多く、とくに換毛期には大量にアンダーコートが抜けます。

体格
筋肉質で、がっしりした体格です。「柴の太ももの見事な盛り上がりが好き」、という声も聞かれます。

縄文時代にさかのぼる柴犬の歴史

昔から、ずっと一緒♡

小柄な縄文犬は当時の人々にも大切にされていました。

　日本人と犬のつきあいは長く、縄文時代にさかのぼります。当時の遺跡からは丁寧に埋葬された犬の骨や犬型土偶が発掘され、大切に扱われていたことがうかがえます。この犬が、日本の犬のルーツとされる「縄文犬」です。

　その後、日本犬は地域ごとに長くその血が保たれていましたが、明治維新になると海外から洋犬が持ち込まれ、交配が進みました。そこで、保存のために『日本犬保存会』が1928年に設立されました。縄文犬の特徴を強く継ぐ柴犬は、1936年に天然記念物に指定されています。

　柴犬のほか北海道犬、秋田犬、甲斐犬、紀州犬、四国犬も指定され、計6種が天然記念物として守られています。

団体により違う柴犬のタイプ

　柴犬の血統を守り、保護しようという団体は日本に3つあります。ひとつは『日本犬保存会』で、柴犬を日本犬唯一の小型犬とし、スタンダード（➡p.20）を定めています。

　もうひとつは1959年に創設された『天然記念物柴犬保存会』で、こちらの理想は「縄文犬」です。『日本犬保存会』のスタンダードに準じながらも、額の段が浅いなど日本古来の犬の特徴をもつ柴犬を残そうとしています。

　そしてジャパンケネルクラブ（JKC）では、柴犬を原始的な犬に分類。同様に『日本犬保存会』のスタンダードに沿いつつ、血統書を独自に発行しています。

柴犬ってどんな性格？

　『日本犬保存会』では、柴犬を含む日本犬の本質を「悍威（かんい）、良性、素朴」としています。悍威とは気迫と威厳、良性は忠実で従順。素朴とは、飾り気のない地味な気品と風格を指します。賢くて飼い主に従順な柴犬のよさを伸ばすように、上手にしつけたいですね。

Part 1　クセになる愛らしさ　柴犬の魅力　柴犬ってどんな犬？

柴犬の スタンダード …って？

頭部
額は広く、頬はよく発達。首は適度な太さと長さがあり力強い筋肉がある。

被毛
表毛（上毛・トップコート）は硬く、まっすぐ。下毛（アンダーコート）は淡い色調でやわらかい二重被毛（ダブルコート）。

耳
内耳のラインはまっすぐ、外耳のラインはやや丸みを帯びた不等辺三角形。やや前傾してピンと立つ。

尾
適度な太さで力強く、巻き尾か差し尾。

目
やや三角形で、目尻が少しつり上がった奥目。濃い茶褐色が理想。

口吻（マズル）
鼻筋は直線、口元は丸みを帯びてほどよい太さと厚みがある。ストップ（額段）は適度で深すぎず、浅すぎない。

ボディ
前胸はよく発達し、あばらが適度に張っただ円形。背は尾のつけ根までが直線で、腰部は頑丈。

四肢
前肢は体幅、後肢は腰幅と同じ幅で接地。太ももはよく発達している。

体高・体重
● オス
体高：39.5cm（38〜41cmの間）
体重：9〜11kgぐらい

● メス
体高：36.5cm（35〜38cmの間）
体重：7〜9kgぐらい

豆柴ってどんな犬？
　小さめの柴犬は、"豆柴"と呼ばれることがあります。しかし、柴犬は上記のようなスタンダードがあり、豆柴は犬種として認められていません。小さくて愛らしいですが、柴犬の矮小化は本来の姿を保護するうえで問題があるとされ、公認されていません。

柴犬のカラー・バリエ

大きく分けて4種で、それぞれ赤柴、黒柴、白柴、胡麻柴などと呼ばれています。

赤

柴犬の80％強を占める、明るい茶色の毛色が"赤"。赤、黒、胡麻は「裏白」といって、頬から胸元、お腹、足先にかけて白くなっています。

黒

黒または黒褐色といわれる毛色で、平安貴族の眉のような目の上の斑が魅力のひとつ。足先や口まわりに薄茶（タン）が入り、「裏白」なのも柴犬共通です。

白

真っ白というよりクリームに近い毛色で、出生割合はわずか5〜10％といわれ希少。耳など、部分的に淡い茶色が現れることもあります。

胡麻

胡麻柴は赤・黒・白の毛が交じり合った色合いで、白柴よりさらに希少です。赤毛が多いと赤胡麻、黒が多いと黒胡麻と呼ばれることも。

柴犬の世界をのぞいてみよう

── 嗅覚と聴覚が発達

　柴犬にとって、世界はどう見え、感じているのでしょう？ 五感のうち人は視覚が優位ですが、柴犬を含め犬でとくに発達しているのは嗅覚と聴覚です。自然界では外敵から身を守り、狩りで獲物をとらえなくてはいけません。目で見るより早く、においと音で相手を察知する必要があるのです。

味覚　意外に甘党！

　「甘味」「苦味」「塩味」「旨味」といった違いがわかります。甘味が好きで、意外にも腐敗したような酸味も好き。自然界では、食べ残しを埋め保存していたためかもしれません。嫌いなのは、苦味と濃い塩味です。

嗅覚　人の数千〜1億倍をかぎ分ける

　犬は、人の数千〜1億倍ものにおいをかぎ分けられるといわれています。嗅覚をつかさどる器官の面積が人より広く、嗅細胞の数も多いです。においの情報を処理する脳の部位も発達しています。

聴覚 人にはわからない高音域もキャッチ

人に聞こえる音の周波数は 16〜20,000 ヘルツほど。犬は 65〜50,000 ヘルツほどなので、高音域を聞くのが得意です。遠くの音にも敏感で、1 キロ先の音も聞こえるといわれています。音に敏感なため、花火や雷など響く音や金属音は苦手です。

視覚 広範囲を見るのが得意

犬の視力は、0.2〜0.3 ほどといわれています。その代わり目の位置が左右やや離れてついているためか、広範囲を見るのが得意。人の視野が約 180 度なのに対し、犬は 250〜270 度あります。動体視力にすぐれ、遠くでも動くものはよく見えます。

触覚 ひげや足先は敏感

口まわりから鼻先にかけてのマズル、ひげ、足先は敏感です。とくにひげの根元には感覚受容器が多く、空気の流れや障害物にも気づきます。

痛み、熱さ、冷たさには人より鈍感ですが、かゆみには敏感です。

Part 1 クセになる愛らしさ 柴犬の魅力 | 柴犬の世界をのぞいてみよう

嫌な感覚は遠ざけてあげて

●におい
人工的なタバコ、アルコール、虫よけスプレーなどのにおいは苦手。刺激も強いので、なるべくかがせないで。

●味
甘い味、濃い味が好きですが、食べすぎると健康に悪影響が。肥満になりやすいので気をつけて。

●音
食器を落とす、ドアを強く閉めるなどの衝撃音や、雷、花火などの音は苦手。なるべく避ける配慮を。

●熱さ、冷たさ
熱さ、冷たさを感じにくく、真夏のアスファルトや砂浜でやけどする心配が。冬はストーブなどで低温やけどしないよう注意を。

体の特徴を チェックしてみよう

特徴は、飼い方のヒントに

柴犬の魅力のひとつは、その体つきそのものです。いかにも"犬"らしい素朴な姿やがっしりした体格、ふさふさの巻いたシッポなど、フォルムそのものが愛されています。

日本人の心を揺さぶる、柴犬の体の特徴をチェックしてみましょう。気分や体調を知り、どう接するかの手がかりにもなります。

筋肉質のナイスバディ

野山をかけめぐっていただけあって、柴犬はもともと筋肉質。そんな体を支えるのは、毎日の運動と食事です。十分に散歩させたり、走らせたり、ライフステージに合ったタンパク質に富んだ食事を与えることが重要です。

実はマッチョだよ

夏

冬

夏、冬で見た目も変わる!?

柴犬の被毛は二重構造です。剛毛の上毛（トップコート）は年間を通じて生えていますが、冬になるとやわらかな下毛（アンダーコート）が生え、モコッとした見た目になります。下毛は春と秋の換毛期に大量に抜けますが、抜け毛を体に残しておくと皮膚トラブルの原因になるため、ブラッシングは欠かせません（→ p.182〜）。

表情豊かな顔と耳

　柴犬は、犬の中でも表情豊か。うれしいとき、楽しいときは口角が上がり、耳をペタンと倒す、「ヒコーキ耳」で大喜びすることもあります。そんな姿がかわいくてたまりません。

　うれしい顔で過ごせる毎日を送れるようにしてあげましょう。

けっこう うれしい

めちゃ うれしい

たまらなく うれしい

個性あるシッポ

　柴犬の尾は背中のほうにくるりと巻いた「巻き尾」と、前方に力強く伸びた「差し尾」の２タイプに大きく分かれます。「巻き尾」には先端が体の右側にいく右巻き、反対の左巻き、二重巻きなどさらに種類があります。「差し尾」にはやや巻いた半差し尾、刀のように立った太刀尾などがあり個性豊かです。うちの子のタイプはどれか、見てみましょう。

巻き尾　　　差し尾

ここもチェック！

- **体温**
犬の平熱は38～39℃ほど。体が小さかったり、年齢が低いほうが高い傾向があるようです。朝がいちばん低く、夕方が高いともいわれます。

- **皮膚**
犬の角質層の厚さは人の1/3ほどで、乾燥や強い刺激は苦手です。汗腺は肉球にしかなく汗で放熱できないため、体温調節は不得意。皮膚のphは中性～弱アルカリ性で、弱酸性の人間用せっけんやシャンプーは不向きです。

- **歯**
犬の永久歯は42本。乳歯は28本で、生後5カ月ごろに生え変わります。人と同じく切歯、犬歯、乳歯がありますが、臼のような形の歯はなくすべてとがっています。

- **消化器官**
犬の消化器官は哺乳類の中でも最短といわれ、食べてから12～24時間で排泄し短時間で消化できるのが特徴です。人間は24～72時間かかります。唾液に消化酵素はなく、ほとんど噛まずに丸飲みしても問題ありません。

- **肛門腺**
犬の肛門の両脇にある、袋状の分泌腺が肛門腺。においの強い分泌液が出て、相手の識別やマーキングに使われます。通常は、分泌液は排便するとき一緒に排泄されます。

見守ってあげよう 柴犬の成長カレンダー

― 1年が人の約4年分に相当

柴犬の成長は早く、子犬は生後1年もたつと成犬の体つきになります。年齢は生後3カ月で人間の5歳、1歳で人の17歳ぐらいに相当します。柴犬にとって3歳以降の1年は、人の約4年。平均14～15歳ぐらいの一生をできるだけ元気に、快適に暮らせるよう、お世話してあげましょう。

柴犬	人
1カ月	1歳
2カ月	3歳
3カ月	5歳
6カ月	9歳
1歳	17歳
2歳	23歳
3歳	28歳
4歳	32歳
5歳	36歳
6歳	40歳
7歳	44歳
8歳	48歳
9歳	52歳
10歳	56歳
11歳	60歳
12歳	64歳
13歳	68歳
14歳	72歳
15歳	76歳
16歳	80歳

1 母兄弟と過ごす
新生児～移行期
生後2カ月まで

生後2週間までは、子犬はほとんど眠って過ごします。母犬が母乳を与え、排泄の世話をする新生児期です。
3週間以降になると目が見え、耳も聞こえてきょうだいと遊びはじめます。母犬やきょうだいとかかわることで、気持ちが安定します。

元気いっぱい

2 経験を積みたい
社会化期
生後2～3カ月ごろ

好奇心いっぱいで、活発に動きます。新しい経験を積むのに最適の時期で、「社会化期」といいます。性格の基礎が作られます。生後56日を過ぎると子犬の展示・販売が可能になり、飼い主さんと出会うのはこのころです。

刺激に
ワクワク

3
新たな環境になれる
幼齢期
生後3〜6カ月ごろ

柴犬の性格は、社会化期に基礎ができあがるといわれています。とはいえ幼齢期も順応性はまだ高く、さまざまな刺激を受け止めます。お散歩デビューもこのころなので、ほかの犬や人と積極的にふれあい、新たな環境にならしましょう。

4
オス・メスの差が出てくる
若犬期
生後6カ月〜1歳半ごろ

生後6カ月〜1歳になると、性成熟期を迎えます。オスは片足を上げたオシッコやマウンティングをはじめ、メスは8〜10カ月ごろには最初の発情があります。1歳半ごろには、繁殖も可能になります。
感情が混乱しがちな「反抗期」もこの頃です。

5
心身が落ち着く
成犬期
1歳半〜7歳ごろ

心身ともに落ち着き活動的な時期。病気になることは比較的少なく、健康に過ごせます。3歳にもなると社会的成熟期を迎え、人と暮らす中で起きる物事を自分なりに受け止め、理解するようになります。急に吠えるようになる、など性格的な変化があるのがこの時期です。

おとなの
落ちつき

6
健康に気づかいたい
老犬期
7歳以降

7〜8歳になると、シニア犬のなかま入りです。個体差はありますが、だんだん寝ている時間が長くなったり、動きが鈍くなったりします。健康管理に気づかい、年齢に合った食事と暮らしをさせてあげたい期間です。

そろそろ
のんびり

柴3姉妹の成長記録

秋に赤柴のお母さんから3匹の子犬が生まれました。お父さんも赤柴の姉妹は、なんと赤、黒、白の3カラーで誕生！かわいすぎる、お散歩デビューまでの記録です。

生後1カ月と26日目。もうしっかりと柴犬らしい体と表情をしています。

3姉妹は母柴とともに一室が与えられ、自由に動ける環境の中、新生活がスタート。お母さんはかいがいしくお乳を与え、3匹は団子になったり好きに転がったりしながら、すくすくと成長していきます。飼い主さんも愛情をたっぷりと注ぎ、お外デビューしたのは2カ月後。

生後2日目

お腹の中でくっついていたからか、ふだんもくっついてスヤスヤ。

生後3日目

生後3日目。お腹がすくと、モソモソと母柴のおっぱいを探しに行きます。赤柴の千代ちゃんは爆睡中。

白柴の絲ちゃんと千代ちゃん。とにかくくっついて、よく寝ています。

生後22日目

1カ月近くなると、体は倍ぐらいに成長しました。あいかわらず、よく寝る3姉妹です。

起きている間は、よく遊ぶようになりました。黒柴のリナちゃんはおっとりした性格のよう。

母柴のこまちゃんはヘソ天で。お母さん、お疲れさま！

◆ **飼い主さんより**

出産、育児と誰も教えていないのに、母柴のこまは完璧なお母さんでした。本能ってすごいです。私たち飼い主はチビ柴のかわいさを堪能して、幸せな時間を過ごすことができました。

生後1カ月半

子犬らしいやんちゃさが出てきました。姉妹でじゃれ合うのが大好きです。

もうすぐ生後2カ月。ふやかした子犬用フードを食べるようになりました。いい食べっぷり！

生後2カ月。家の近くの海まで、はじめての抱っこ散歩。母柴が3姉妹を心配そうに見つめています。

Part 1 クセになる愛らしさ 柴犬の魅力　柴3姉妹の成長記録

Column

大事な家族を守る 予防接種

1歳未満では
混合ワクチンを3回接種

　子犬は、母犬から初乳を通じて免疫をもらっています。しかし、初乳の免疫はだんだん減ってきます。致死率が高い病気から子犬を守るため、予防接種を受けさせましょう。

　最初に受けるのは、数種の病気を防ぐ混合ワクチンです。生後2カ月ごろに1回目、その3〜4週間後に2回目を接種し、また同期間あけて3回目を射ちます。1〜2回目はブリーダーやペットショップで受けることが多いので、子犬を購入したら接種日を聞き、証明書をもらいましょう。残りのワクチンを、推奨される間隔で受けます。

年1回、狂犬病予防接種は
飼い主の義務

　犬の登録とともに、狂犬病の予防接種が必要です。3回目の混合ワクチンを射ち終えたら、1カ月後に接種しましょう。その後は年に1回の接種が義務づけられています。

　混合ワクチンは5種や7種混合などがあります。下記のコアワクチンで防げる病気は致死率が高いため、すべての犬に接種が必要です。ノンコアワクチンは環境に応じて接種を考慮すべきものです。抗体がなくならないよう、定期的に接種します。地域の流行状況に応じ、何を受けるか獣医師に相談して決めるといいでしょう。

ワクチンで予防できる病気

義務		**狂犬病**	狂犬病ウイルスを保有する犬、猫などにかまれたり、引っかかれたりしてできた傷口からウイルスが侵入し感染。意識障害や中枢神経麻痺が起こり、ほとんど死に至る。予防接種は義務。
混合ワクチン	コア（4）	**ジステンパー**	病犬との接触や空気感染でうつる。高熱、鼻水、嘔吐、下痢のほかケイレンなど神経症状が出て死亡率も高い。
		犬アデノウイルス1型感染症（犬伝染性肝炎）	感染した犬の分泌物や排泄物から感染。主な症状は発熱、下痢、嘔吐、腹痛で、子犬は重症化することも。
		犬アデノウイルス2型感染症（犬伝染性喉頭気管炎）	咳、くしゃみ、鼻水などから飛沫感染する。主な症状は咳で、伝播力が強いので発症したらほかの犬と隔離を。
		犬パルボウイルス感染症	病犬の排泄物や嘔吐物から経口感染。激しい血便や下痢、嘔吐が起き、心筋炎になることも。死亡率が高い。
	ノンコア	**犬パラインフルエンザウイルス感染症**	咳やくしゃみで感染。犬のケンネルコフ（呼吸器症候群）の原因のひとつで、肺炎を起こし衰弱死することも。
		レプトスピラ感染症	菌をもつ犬やネズミの排泄物で汚染された水や土を口にしたり、傷口に菌が入ったりして感染。肝不全や腎不全で死亡することも。人にもうつる人獣共通感染症。
		犬コロナウイルス感染症	病犬の排泄物をなめるなどして感染。下痢や嘔吐を起こし、脱水になる。子犬は、犬パルボウイルスと複合感染すると重篤になることがある。
ノンコア		**ボルデテラ感染症**	ボルデテラはケンネルコフの原因菌のひとつ。潜伏期間は2〜6日間で、伝播力が非常に強く、かかると咳が出て、悪化すると肺炎で呼吸困難になることも。

Part 2

柴犬をおうちに迎える準備

柴犬がくれる3つの幸せ

柴犬が飼い主さんを見つめる瞳は素直でまっすぐ。
そっと近くにいてくれるやさしさに、幸せを感じる機会がきっと増えるはず。

毎日のルーティンが、
ふたりを結ぶ絆に。
一緒に歩く時間は、とても大切です。

1 規則正しい生活で健康になる

柴犬は、毎日定まったことをするのを好みます。お散歩はいつも決まった時間で、いつものルートをたどって知っている場所に行く——そんな毎日が大好きです。飼い主さんも柴犬と暮らしているうちに、自然と規則正しい生活になるでしょう。

2 深い絆が結ばれ、ひたむきに信頼される

柴犬は、飼い主さんに従順です。毎日のお世話をし、愛情を注いでいると強い絆が結ばれます。自分に一途に信頼を寄せ、忠実に応えてくれる存在は、信じることの尊さを教えてくれるでしょう。日々の暮らしを幸せで満たしてくれます。

"信じてるんだ！"と、
一途な瞳で見つめられれば、
応えずにはいられません。

3
適度な距離感が心地いい

柴犬は自立心が旺盛で、あまりベタベタとくっつかれることは好みません。でも、飼い主さんと一緒にいるのは好きで、相棒のように静かに同じ時間と場所を共有します。適度な距離感が心地よく、存在自体がいやしになってくれます。

どこか野性味を感じる柴犬。でも、ちょっととぼけたところもあるのがかわいいのです。

Part 2 柴犬をおうちに迎える準備 — 柴犬がくれる3つの幸せ

柴犬が飼い主にくれること

- 勇気
- 仲間
- 健康的な生活
- 安心感
- ストレスの軽減
- やさしさ
- 責任感

柴犬の魅力は、まだたくさんあります。りんとした姿は頼もしく、一途な気質に安心させられます。ときには寄り添い、同じ方向を見つめるまなざしには勇気づけられるでしょう。柴犬を通じて新しい暮らしや人間関係も生まれ、かけがえのなさを実感します。

迎える前の4つのチェックポイント

柴犬となかよく暮らせるかを再確認

　柴犬の子犬はとても愛らしく、成犬の素朴な雰囲気も魅力的です。けれど、柴犬は他者との距離感を大切にしますし、原種に近いだけに野性的な一面もあります。家族として責任をもってお世話をする自信はあるか、自分に合っている犬種かなど、迎える前に再確認しましょう。

ずっと一緒だよ

CHECK 1 一生お世話できる？

　柴犬の平均寿命は14〜15歳です。子犬時代はあっという間に過ぎ、やがてシニア犬になります。足腰が弱ったり、認知症になりやすいのも柴犬です。飼い主さん自身も引っ越しや転職などで、環境が変わることもあるでしょう。それでも一生、家族としてお世話し続ける心がまえが必要です。

シニアになっても大事にしてね

CHECK 2 思い描く"犬ライフ"に合う？

　柴犬は、飼い主さんと適度な距離を保つ自立心のある犬種です。また心を許せる人はひとりいれば十分で、1対1の関係を好みます。常にふれたり抱っこしたかったり、家に友人を呼んでワイワイ遊びたいタイプの人は、柴犬を飼うのに向いていないかもしれません。ライフスタイルに合っているか、考えてみましょう。

移動手段はある？

動物病院などに行く移動手段を確認しましょう。電車、バスに乗せられるのはカートなどキャリー類と合わせて10kg未満に定められていることが多いので、車があると安心です。

CHECK 3
十分に外遊びできる？

昔から野山をかけめぐって狩りをしていただけに、柴犬は戸外で過ごすのが大好きです。それも、いろいろな場所に行くより、いつも行く山道や散歩ルートなどなれ親しんだ場所を歩くのを好みます。毎日、十分にお散歩できるか、時間はあまり不規則にならないか、振り返ってみましょう。

戸外で過ごすとき、柴犬は生き生きとします。たくさん遊ばせてあげましょう。

CHECK 4
環境は向いている？

野山で過ごすのが好きな犬種なので、飼うのは自然豊かなエリアが理想です。また音に敏感で、さまざまな音が入ってきやすい都心部や繁華街などは苦手です。マンションなどでは、飼える犬の大きさ制限が設けられている場合もあるので注意しましょう。

Point 柴犬の飼育費用は？

柴犬は、トイ・プードルなどと違って定期的なカットは必要ありません。フードや予防接種、医療費などはかかりますが、飼育費用はそれほどかからない犬種です。

柴犬はどこから迎える？

――ペットショップや柴犬の犬舎からが一般的

一般的なのは、ペットショップや柴犬の犬舎（ブリーダー）から購入する方法です。柴犬の犬舎では日本犬の血を守ることを重視している場合もあり、初心者向きではないこともあります。自分はどんな気質の柴犬が好みか、まず考えてみるといいでしょう。

できれば事前に、柴犬を飼っている人に話を聞いてみましょう。SNSで探すこともできます。どんな性格か、どこから迎えたのかわかれば参考になります。

母犬と早く離されると不安感や恐怖心が増し、こわがりになったり、吠えやすくなる傾向があります。

穏やかな性格か、野性的な気質を残しているかなど、犬舎によっても変わります。

1 ペットショップから迎える

メリット
- 気軽に子犬を見られる
- 何軒か比較しやすい
- グッズをそろえやすい

ペットショップでは、人気を集めそうなかわいい体型で、穏やかな気質の柴犬を扱うことが多いようです。

ただ、中には母犬と早く離した子犬を販売している店もあります。子犬は生後8週ぐらいまで母犬に育てられることで、精神的に安定します。またきょうだい犬と遊ぶことで、社会性も身につきやすくなるので、あまり早くに母犬やきょうだい犬から離されていないか、店に来た経緯を詳しく聞いて判断しましょう。同時に世話が行き届き、適切なアドバイスをくれる店が安心です。

2 柴犬の犬舎から迎える

メリット
- 親犬の外見、性格がわかる
- 育った環境と履歴が明らか
- オフ会などに参加できる

柴犬を繁殖させている犬舎は、インターネットや雑誌などで探せます。日本犬らしさを大事にしている犬舎が多いので、どんなタイプの柴がいるのか下調べするといいでしょう。できれば、その犬舎の柴犬を飼っている人に話を聞くのが理想です。

犬舎では、子犬は母犬や兄弟犬と過ごす時間が多く、心身ともに健やかな環境で過ごせているでしょう。親犬に会えれば、ふだんの性格や成長後の姿も予測できます。

3 里親募集で譲渡してもらう

メリット
- 保護犬を迎えられる
- 費用を抑えられる
- 幅広い年齢の柴犬と出会える

里親募集に応募する方法もあります。元の飼い主さんが何らかの理由で飼い続けられなくなると、ペットは動物愛護センターや保健所、民間の動物愛護団体で保護されます。そこで新しい飼い主さんを探すのが、里親募集です。

ワクチン代などの負担のみで譲渡されることも多く、費用を安く抑えられるケースもあるのが利点のひとつです。子犬から育てるより、成犬で落ち着いた子に出会えることもあります。ただ、病気があったり、人に不信感をもっていることも。お試し期間のある団体を利用し、相性を確認してから迎えることが大切です。

Point 柴犬サポーターを見つけておこう！

柴犬は野性味にあふれ、気が強い面もある犬種です。事前に散歩コースを歩き、柴犬を飼う人などに声をかけ柴の特徴や飼い方などを聞いてみるといいでしょう。

柴飼いのサポーターを見つけておけば、何かと相談できます。動物病院で聞いてみるのもいいでしょう。

なかよしになる柴犬選びのコツ

ライフスタイルを再確認しよう

柴犬は飼い主さんに忠実で、自立心に富んでいます。ふれられるのをあまり好まないことが多く、運動量があるので十分な散歩が必要です。そんな柴犬の特徴が自分のライフスタイルに合っているか、飼う前に再確認してみましょう。

同じ柴犬でも顔つきや毛色が違い、性格も異なります。どんな子が好みか、お店や犬舎に伝えて相談しましょう。

きょうだい犬でも、一緒に過ごせば性格の違いがわかってきます。

コツ 1 時間をかけて選ぶ

子犬に会ったら、呼んで反応を見てみましょう。すぐに走り寄ってくる子は活発で好奇心旺盛、慎重な子はおとなしめかもしれません。しばらく一緒に遊ぶうちに、個性が見えてきます。

毛色による違いもあるようで、黒毛はおっとりしていて、白毛は気が強い子が多い印象があります。1度で決めず、何回か見学して決めるといいでしょう。

コツ 2 オス、メスの違いで選ぶ

オスはメスより大柄になることが多く、マーキングの本能により、少量のオシッコをあちこちでしがちです。オスは飼い主に対して甘えた態度を見せることが上手。メスはツンデレの傾向があります。

メスはオスより小柄で、巣穴や子犬を「守ろう」とする気質が強く出がちです。また、発情期に生理（ヒート）があり、紙おむつでのケアが必要になります。

どちらが対処しやすいと思えるか、選択の目安にしてもいいでしょう。

コツ 3 健康状態をチェック

親犬や祖父母犬に病気はないか、遺伝的な疾患はないか確認しましょう。
子犬は丸々としているほうが健康体です。

目
いきいきと澄んでいて、涙や目やにで汚れていないか。

耳
内側が赤くなったり、汚れていないか。変なにおいはしないか。

鼻
鼻水が出ていないか。つやがあり、適度に湿っているか。寝ているときや寝起き以外は、湿っているのがふつう。

被毛
毛並みがよくつやがあるか。皮膚に湿疹などはないか。

口
かみ合わせは問題ないか。口臭はないか。口の中や歯肉はきれいなピンク色をしているか。

おしり
肛門のまわりが汚れていないか。

体全体
元気で、はつらつとしているか。ひきしまり、抱き上げたときにずっしりと重みはあるか。

四肢
骨格がしっかりしているか。不自然な歩き方をしていないか。

柴犬の顔つきは2タイプ

縄文柴の特徴を継ぐ柴は、額段が浅いキツネ顔をしています。近年は額段が深いタヌキ顔の柴が増えています。

キツネ顔

タヌキ顔

Part 2 柴犬をおうちに迎える準備　なかよしになる柴犬選びのコツ

迎える前にそろえる飼育グッズ

迎える前に、飼育グッズをそろえよう

柴犬を迎える前に、必要な飼育グッズをそろえましょう。家で柴犬が過ごす場所を決め、あらかじめセットして環境を整えておきます。

＼ 必須グッズをチェック ／

サークル

クレート（ハウス）または ケージ

新たな環境になれるまでは、自分が過ごす空間が決まっていたほうが安心します。側面のみ囲うのがサークルです。成長に合わせて行動範囲を広げられるよう、可動式が便利です。トイレ用と2つ用意しましょう。

入って眠れる柴犬のおうち。中で方向転換できる大きさを選びます。通常サークル内に置きますが、持ち歩けるキャリータイプだと外出時に便利です。これより広く、床と天井があるケージを使うのもいいでしょう。

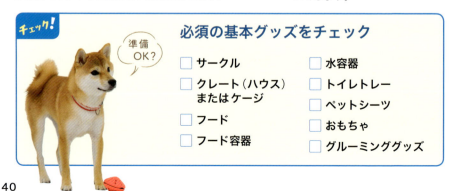

チェック！ 準備OK？

必須の基本グッズをチェック

- ☐ サークル
- ☐ クレート（ハウス）またはケージ
- ☐ フード
- ☐ フード容器
- ☐ 水容器
- ☐ トイレトレー
- ☐ ペットシーツ
- ☐ おもちゃ
- ☐ グルーミンググッズ

フード

お店や犬舎で食べていたフードを聞いておきましょう。最初は同じものを用意しておくと、抵抗なく食べられます。食べる量も確認しておきます。

水容器

サークル内に取りつけます。飲みやすい位置に調節できるタイプがおすすめです。床に置く容器もあります。

おもちゃ

かじってもこわれず、飲み込む心配のない安全なおもちゃを用意します。さまざまなかみ心地のものがあるといいでしょう。

フード容器

角度がある器のほうが、首に負担がかかりません。台を使うのもいいでしょう。

トイレトレーとペットシーツ

家ではトイレトレーに吸水性のよいペットシーツを敷き、排泄させます。大きさは体の2〜3倍が目安。成長に合わせ、大きなサイズに換えます。

グルーミンググッズ

最初は獣毛ブラシ（上）で、ブラッシングになれさせます。なれてきたら、スリッカーブラシ（下）でブラッシングしてあげます。

Part 2 柴犬をおうちに迎える準備　迎える前にそろえる飼育グッズ

柴犬を迎える部屋づくり

専用スペースと別にトイレを設けよう

　柴犬は、なわばり意識が高めです。いきなり家の広い範囲を動けるようにするより、「自分の居場所」とわかるエリアがあったほうが落ち着けます。サークルで仕切った、専用スペースを用意してあげましょう。

　トイレは、できれば人の目につきにくい静かな場所に設けます。寝場所と排泄場所が、近接するのを嫌うからです。

　なれてきたら、サークルの外で遊ばせましょう。柴目線になり、じゃれたり、食べたりしたら危ないものは片づけます。出入りさせたくない場所は、ペット用の柵で対策します。

サークルの大きさは？

サークルの幅は、体長の3倍はあるといいでしょう。最低限、クレートを置いても楽に方向転換できる広さが必要です。

自然豊かで、自由に庭と家の中を行き来できる環境は理想的です。逃げないように、対策は万全に。

柴犬の外飼いはアリ？ ナシ？

　柴犬はもともと野山で過ごした犬種なので、ほかの犬に比べれば外飼いによる負担は少ないようです。とはいっても、酷暑や嵐、寒さ対策は必要ですし、戸外でテリトリーが広くなるとなわばり意識から吠えることが増えます。

　昼間は庭で放し飼いにしても、夜は屋内で家族と過ごすようにするといいでしょう。ノミ・マダニ対策は必須です。

一緒に暮らす部屋をセッティング

**サークル内に
クレートを設置**

いつでも休めるよう、サークル内にクレートを置いて。かじってもこわれないおもちゃも入れておくと○。

**エアコンの風は
避ける**

冷えすぎ、暖めすぎは×。風が直接当たらない場所を選んで。

室温は 21 ～ 25℃

柴犬に快適なのは室温 21 ～ 25℃、湿度 50 ～ 60％。温湿度計で確認しましょう。夏の冷房は 25 ～ 27℃、冬の暖房は 23 ～ 26℃を目安に設定するといいでしょう。

**トイレ用サークル
を作る**

トイレは、メインのサークルとは別の場所に設けて。最初は、排泄しそうなときに連れていくので近くでもOK。最終的には部屋の外に設置しましょう。

**直射日光は
避ける**

サークルは直射日光が当たらず、風通しがよい場所に設置を。

コードは隠す

電気コードは家電、家具の後ろへ隠したり、カバーをしてかじらないよう対策を。

出入り口から離す

出入りが頻繁にあると、柴が落ち着けません。ドアからはなるべく離して。

**危険なものは
片づける**

薬やタバコ、ペットボトルのふたなど、飲み込めそうなものは片づけて。食べたら困る植物や肥料も、届かない場所へ。

床はすべりにくく

すべりやすいフローリングは、関節に負担大。犬がいる一部の場所だけでも、マットやカーペットを敷いて。

Part 2 柴犬をおうちに迎える準備

柴犬を迎える部屋づくり

43

先住犬やほかのペットとの関係は？

── 事前に先住犬との相性を確認しよう

柴犬は、なわばり意識が強い犬種といわれています。先住犬とうまくいかないケースもあるので、あらかじめ相性を見ておきましょう。子犬を新たに迎えるなら、お店や犬舎に聞き、可能な範囲で先住犬と対面させてもらいます。ケージ越しでも、おたがいの反応がわかります。

先住犬と飼う

POINT 1 先住犬をしつけてから迎える

新たな犬を迎えるのは、先住犬のしつけができてからです。飼い主さんと先住犬の信頼関係が結ばれていたほうが、新たな犬と関係を築くのもスムーズです。

POINT 2 それぞれの居場所を分ける

なわばり意識が強いので、それぞれにクレートを用意し、居場所を分けてあげましょう。なかよくできても、自分の居場所は必要です。

POINT 3 お世話はなるべく先住犬を優先

子犬のほうが手がかかりますが、お世話はできる限り先住犬を優先します。いつもどおりのお世話をしてあげましょう。それぞれと1対1で接します。

POINT 4 犬同士の関係は犬にまかせる

先住犬の行動を子犬がまねたり、逆に、先住犬が子犬を立て譲ることも。犬同士の関係は、犬まかせでいいですが、どちらもやりすぎの時は仲裁に入りましょう。

おたがいマイペース

猫と飼う

　柴犬はなわばりを重視しますし、猫は群れで暮らす動物ではありません。基本的に、部屋は分けたほうがいいでしょう。
　なかよくなれるかは、先住猫の許容力にもよります。仮になかよくなれなくても、それを受け入れるしかありません。どちらかといえば、犬がいる家に子猫を迎えたほうがうまくいくようです。

小動物と飼う

　柴犬は狩猟をしていた犬なので、小動物などの動きに反応するのは自然なことです。ウサギやハムスターは基本的にケージで飼いますが、犬とは別の部屋にいさせましょう。犬がいると、こわがらせてしまいます。鳥も別の部屋で飼いましょう。いずれの小動物も、自由に遊ばせるときは犬が入ってこないよう気をつけます。

魚やカメと飼う

　魚やカメなど、水生の生き物も別の部屋で飼いましょう。水槽があると、柴犬がその水を飲んでしまうことがあります。また、魚やカメが動く姿が気になって、つい手を出してしまうこともあるかもしれません。

違う部屋が基本♡

柴犬ともっとなかよくなる
飼い主さんの タイプ診断

Q1～ Q20の質問に、できるだけ「**はい**」か「**いいえ**」で答えてください。
「**どちらでもない**」を選ぶと、タイプが曖昧になります。

Q1
責任感は
強いほうだと思う

- [ ]……はい
- [ ]……いいえ
- [ ]……どちらでもない

Q2
友人の幸せを心から
よかったと思える

- [ ]……はい
- [ ]……いいえ
- [ ]……どちらでもない

Q3
顔に感情が
すぐ出てしまう

- [ ]……はい
- [ ]……いいえ
- [ ]……どちらでもない

Q4
行動する前には
計画を立てる

- [ ]……はい
- [ ]……いいえ
- [ ]……どちらでもない

Q5
自分の考え方に
自信がある

- [ ]……はい
- [ ]……いいえ
- [ ]……どちらでもない

Q6
子どももペットも
なるべく
世話してあげたい

- [ ]……はい
- [ ]……いいえ
- [ ]……どちらでもない

Q7
好きなことには
夢中になってしまう

- [ ]……はい
- [ ]……いいえ
- [ ]……どちらでもない

Q8
人前で話すときは、
内容を十分に
準備したい

- [ ]……はい
- [ ]……いいえ
- [ ]……どちらでもない

直感で！

Q9
待ち合わせの
5分前には到着する

- [ ]……はい
- [ ]……いいえ
- [ ]……どちらでもない

Q10
道を尋ねられたら、
ていねいに教える

- [ ]……はい
- [ ]……いいえ
- [ ]……どちらでもない

チェックしてね ♡

自分はどんな飼い主さんになりそうか、
タイプがわかれば柴犬との暮らしに役立ちます。
簡単な心理テストでチェックしてみましょう。

Q11
「わぁ」「すごい！」
など感嘆の言葉を
よく使う
- □ はい
- □ いいえ
- □ どちらでもない

Q12
仕事や勉強は
段取りを考えて
進めたい
- □ はい
- □ いいえ
- □ どちらでもない

Q13
自分の考えは
あまり曲げない
- □ はい
- □ いいえ
- □ どちらでもない

Q14
悩みは
親身になって
相談にのるほうだ
- □ はい
- □ いいえ
- □ どちらでもない

Q15
言いたいことを
言って気まずく
なることがある
- □ はい
- □ いいえ
- □ どちらでもない

Q16
判断時には
他人の意見も
よく聞く
- □ はい
- □ いいえ
- □ どちらでもない

Q17
ルールを
守れない人には
注意したくなる
- □ はい
- □ いいえ
- □ どちらでもない

Q18
頼みごとを
されると断れない
- □ はい
- □ いいえ
- □ どちらでもない

Q19
欲しいものは
必ず手に入れる
- □ はい
- □ いいえ
- □ どちらでもない

Q20
体調が悪いときは
休む
- □ はい
- □ いいえ
- □ どちらでもない

あなたはどのタイプ？

➡ 診断は次のページで!!

Part 2 柴犬をおうちに迎える準備 — 柴犬ともっとなかよくなる飼い主さんのタイプ診断

47

あなたは どんな飼い主さん？

質問の番号と同じ番号の解答欄に、点数を記入しましょう。

- ☑ はい ･････････････ ▶2点
- ☑ いいえ ･････････････ ▶0点
- ☑ どちらでもない ･･･ ▶1点

タイプ A	タイプ B	タイプ C	タイプ D
Q1　　　点	Q2　　　点	Q3　　　点	Q4　　　点
Q5　　　点	Q6　　　点	Q7　　　点	Q8　　　点
Q9　　　点	Q10　　　点	Q11　　　点	Q12　　　点
Q13　　　点	Q14　　　点	Q15　　　点	Q16　　　点
Q17　　　点	Q18　　　点	Q19　　　点	Q20　　　点
合計　　　点	合計　　　点	合計　　　点	合計　　　点

うちのママはどれかなー？

一番点数が多かったタイプが、あなたのタイプ！

タイプ別 診断結果 & アドバイス

タイプ A 頼りがいのある リーダー

責任感が強く、頼りがいがあります。しつけをしっかりしようとしますが、思いどおりにいかないと、つい叱ってしまうこともありそうです。

もっとなかよくなるコツ
トレーニングがうまくできないときは、時間をあけて再挑戦を。少しでもできたらほめてあげましょう。

タイプ B やさしい お母さん

母性本能が強く、しつけでも忍耐強く見守ってあげられそう。でも、やや心配症な面があり、先回りしてお世話しすぎたり、過保護になる傾向もあります。

もっとなかよくなるコツ
過保護だったりかまいすぎは、犬のストレスになってしまうことが。少し距離をとり、見守ることも大切です。

タイプ C 楽しく遊びたい！ 友人

楽しいことが大好き。興味があれば夢中になる一方で、気分がのらないと放置しがちです。しつけがやや苦手で、放任してしまう傾向もあります。

もっとなかよくなるコツ
トイレやハウスなど、必要なしつけはしっかり取り組みましょう。そのほうが、犬も飼い主さんも幸せに過ごせます。

タイプ D クールな 理論派

疑問点はよく調べ、分析して論理的に解決するのが得意です。感情的にならないしつけ上手。一方で、犬の気持ちをくみとるのはやや苦手です。

もっとなかよくなるコツ
喜怒哀楽は、柴犬にもあります。しつけも遊びも、その気持ちを感じ取ってあげるとよりスムーズにいきます。

自分のタイプを理解して、柴犬ともっとなかよしに！

Column

柴犬を飼うのにかかる費用

だいたい年間で30万円

柴犬を飼うということは、家族が増えるのと同じです。必要なケアをするにはさまざまな費用がかかるので、迎える前に家族で話し合っておきましょう。

まず、サークル、クレート、ハーネス代などがかかります。柴犬は毎月のカットは不要ですが、飼いはじめたら毎日のフードやペットシーツ代のほか、病気をしなくても予防接種などで医療費もかかります。

下に、飼育費用の目安を紹介します。どのグッズも、クオリティやファッション性で値段は変わります。年間、およそ30万円程度はかかると考えておいたほうがいいでしょう。

ずっとよろしく

基本の飼育グッズ代は？

サークル	5,000～20,000円
クレート	5,000～10,000円
トイレトレー	3,000～10,000円
フードと水の容器	各1,000～3,000円
首輪	各1,500～3,500円
ハーネス・リード	各1,500～7,000円
ブラシ	各1,500～5,000円

毎月かかる費用は？

フード代　月4,000～8,000円

安価なものから無添加や素材にこだわったプレミアムフードまであり、何を選ぶかで費用は変わります。

おやつ代　月500～3,000円

ドッグフードを食べていれば、基本的におやつは必要ありません。でも、しつけのごほうびや遊ぶときは、おやつを与えるとやる気が増します。ジャーキーやチーズなど、安価なものから国産無添加にこだわるものまで価格はいろいろです。

ペットシーツ代　月2,000～4,000円

柴犬は、家で排泄しなくなることが少なくありません。でもトイレの準備は必要です。成長にともない大きめシーツに替えてあげます。

グルーミング代　1回4,000～8,000円

爪切りや耳掃除、肛門腺搾りなどのお手入れをサロンでお願いすると費用がかかります。シャンプーをお願いすることもできます。

ペット保険料　月1,000～8,500円

犬の治療は高額になりがちです。通院や治療費をカバーしてくれる保険に加入したほうが安心です。年齢により保険料も変わります。

年ごとにかかる費用は？

医療費　年間60,000～90,000円

子犬のうちは病気は少なく、予防接種や駆虫薬などかかる費用は限られています。ですが、高齢になるにつれ病気やケガは増えます。手術や入院時には、数十万円かかることもあります。

ワクチン　年間6,500～15,000円

狂犬病予防注射と混合ワクチン、フィラリア、マダニを防ぐ薬の投薬は毎年必要です。

おもちゃなど雑貨　年間5,000～10,000円

丈夫なおもちゃでも、柴犬はこわすことが少なくありません。レインウエアなど、服代もかかります。

※金額は2024年6月時点での目安です

Part 3

柴ライフを
はじめよう

柴犬となかよくなる 3つのポイント

野性味のある柴犬は、「この人といれば安心」と思ってもらえることが、なかよしになる第一歩です。信頼関係を築くためのヒントを紹介します。

安心感を与える

安心していれば自分から寄ってきてくれます。

柴犬は野性的で、感覚が鋭敏です。こわがらせないよう、大きな音を出したり、急に大きな動きをしないよう配慮して接してあげましょう。

また柴犬は自我が強いですが、だからといって強く当たってはいけません。生きることに直結するごはんや水を与えるのはもちろんのこと、苦手な音や物など、こわがるものを遠ざけ、楽しい気持ちになるようなおもちゃを与えてあげましょう。「この人と一緒にいれば、守ってくれる」「安心できる」と思ってもらうことで、信頼関係を築けます。

必要以上にさわらない

柴犬は、あまりさわられるのを好みません。嫌がるときは、無理にふれないようにしましょう。

子犬が興味津々で近寄ってきたら、おもちゃで遊んだり、においをかがせてみます。そんなときも、急にふれないほうが子犬は安心します。

ブラッシングなど体のケアをするため、どこをさわっても大丈夫にする必要はありますが、練習が必要です。時間をかけ、ゆっくりと進めればいいのです（→ふれ方テクはp.58〜）。

POINT 3 食欲を活用する

柴犬となかよくなるには、生存本能である"食欲"をうまく使うといいでしょう。フードやおやつを使って、クレートにならしたり、体にふれるなど、さまざまなしつけをすることができます。

ドッグフードにあまり興味がなくても、たとえば肉をゆでたものを使うなど、ごほうびのグレードをあげると集中力も高くなります。好きな食べ物を探し、試してみましょう。

フードを中に仕込めるおもちゃは、しつけに役立ちます。

意外に小さい!?
柴のメンタル・キャパシティ

柴犬は葛藤に弱く、心の許容量が小さめ

生まれて間もない子犬でも、さまざまな情報を学習する準備はできています。ただ、物事に集中できる時間は短く、許容量には限界があります。そしてどうふるまえばいいのか、判断する力はほとんどありません。このような心の許容量のことを「メンタル・キャパシティ」といいます。成長とともに判断できる力も増えていきます。

受け入れやすいよう、一貫した態度で接して

犬種や個体によってもその許容量は違いますが、とくに柴犬はメンタル・キャパシティが育ちにくい犬種です。葛藤に弱く、いつもと違うことをしたり、新たなことを受け入れるのが苦手です。

それだけに、いつも一貫した態度で接するのは大切なことです。気分で接し方を変えると、何がよくて何がダメなのか、柴は混乱してしまいます。

家族内でしつけのルールを決め、同じルールのもとで接してあげましょう。

子犬を迎える日の過ごし方

─── クレートでそっと休ませよう

　柴犬を迎える日は、家族全員ワクワクと緊張で落ち着かないかもしれません。子犬も同じく、知らない人にはじめての場所に連れてこられ、とまどっています。家では、まず環境にならすのが先決です。お迎えで使ったクレートに入れたまま、しばらくそっと見守ってあげましょう。

あらかじめ、体の大きさに合ったサークルとクレートを準備しておきます。

1 受け取ったら、家に直行

　お店や犬舎には、ペットシーツやタオルを敷いたキャリーバッグやクレートを持参しましょう。
　子犬を受け取ったら、寄り道せず家に帰ります。使っていたおもちゃやクッションを譲ってもらえたら、一緒に入れておくと安心してくれます。

はじめてだから

お迎えに持っていくもの

クレート　　ペットシーツ　　タオル

54

2 サークル内で休ませる

家に着いたら、セットしておいたサークルに子犬の入ったクレートを置きます。子犬は、知らない場所に来て不安かもしれません。最初はクレートに入れたまま休ませましょう。しばらくしたらサークル内で自由にさせますが、あまりかまわず、マイペースで過ごさせます。サークル内には飲み水を用意し、おもちゃも入れておきましょう。

3 トイレに誘導

サークルでしばらく過ごしたらトイレに連れていきます。

柴犬はきれい好きで、ふだんの居場所を汚すのを好みません。サークル外に、別に全面にペットシーツや吸水マットを敷いたトイレ専用サークルを設けておきましょう。

急に立ち止まったり、隅っこに行くなどしたときは、トイレのサインです。抱っこをこわがる場合は、なるべくおもちゃなどで誘ってトイレに誘導してあげましょう。

4 排泄したら、たくさんほめる

トイレでオシッコやウンチをしたら、「イイコ！」などと声にして、たくさんほめてあげましょう。汚れたペットシーツは、すぐに交換します。排泄のタイミングは記録しておくといいでしょう。

5 トイレを出てお部屋を散策

排泄がすんだら、サークルのドアを開けてみましょう。おもちゃなどで誘い、出てきたら部屋を好きに散策させます。子犬は好奇心旺盛です。「ダメ」と制御しなくてすむよう、かじったりして困るものは片づけておきます。カーテンも上のほうに上げておきましょう。

6 10～15分ぐらいでひと休み

子犬の集中力は短く、長い時間遊んでいられません。10～15分ぐらい経ったら、クレートまで誘導しましょう。抱っこではなくおもちゃやごほうびで誘い、自分から行くのが理想です。クレートに入ったら、扉を閉じずしばらく休ませます。サークルの中でひとりでも遊んでいられるようおもちゃも入れておきます。

7 出たがる前に外へ

ひとりで過ごしている時間が長くなりすぎると、トイレをがまんしたり、かといって、クンクン鳴いたからと出してあげると、ますます「出してー」と鳴くようになってしまいます。出たがる前に出してあげるとサークルやクレートはひとりで「休む場所」になっていきます。

8 3→7を繰り返す

トイレ専用サークルに誘導し、排泄したらほめ、またサークルの外で一緒に遊びます。繰り返すうちに、自分の居場所と遊ぶ場所、トイレの区別がついてきます。

9 夜はクレートで寝かせる

夜はクレートで寝かせましょう。クレート内でフードをひと粒ずつ与えたり、ばらまくと、クレートにいるのを好きになります。休ませるときは布や毛布などで覆い、暗くしてあげましょう。クンクン鳴いてさみしがるときはクレートごと寝室に持ち込み、人の存在を感じて眠れるようにしてあげるといいでしょう。

10 最低1週間は繰り返す

家に迎えた翌日も、2→9を繰り返します。子犬につき合うのは大変かもしれないですが、短期集中で行ったほうが、子犬は自分の居場所と遊ぶ場所、トイレを早く覚えます。最低でも1週間は繰り返しましょう。

最初が肝心！子犬との距離感を大切に

● **探検は短めに**
初日は子犬も疲れています。トイレの後に部屋で遊ばせるのは短時間にしましょう。

● **元気すぎる場合は？**
環境の変化を気にせず元気すぎる場合は、しっかりおもちゃで遊んであげましょう。

● **つかず離れずの距離で**
子犬をひとりきりにせず、人の気配を感じさせるようにしましょう。ただし、「サークルから出して！」などと大騒ぎする場合は、人の方がリビングからいなくなるなどして軽くタイムアウト（→p.63）します。

最初が肝心！

もっとなかよくなれる ふれ方テクニック

さわられることになれさせよう

柴犬は、ほかの犬種と比べてさわられるのが苦手です。ですが、ブラッシングや歯みがきなど、お世話するためにはふれなくてはいけません。家に迎えたときから、少しずつさわられるのにならしていきましょう。ふれるのも抱っこも、最初は何かに夢中にさせながら行うのがポイントです。

パパの抱っこで安心するの♡

信頼する飼い主さんの抱っこなら安心、と思えるようになるのが理想です。

ここは苦手！

頭
頭上から手をかざすとさけるので脇からそっと。

シッポ
ふれられるのはなれていません。

柴犬は、ここで紹介した部位にふれられるのはとくに好きではありません。
とはいえ、全身さわれるようにしておくのが理想です。少しずつ苦手な部位もさわれるように練習しましょう。

首まわり
猫と違って、それほど好きではありません。

前足
とくに苦手。急につかんだりしないで。

お腹
好き、嫌いが分かれる部位です。

STEP 1 いろいろなふれ方を試そう

フードを与えつつふれる

1 フードを与えながら、手の甲で体にふれます。最初は背中など、比較的苦手ではない部位がいいでしょう。

2 夢中になると、ひざの上にのってくることも。ふれる部位を変え、さわられることへの抵抗をなくしていきます。

パペットで遊びながらふれる

パペットを手にはめて甘がみ対策を！

1 最初はパペットで軽くふれてみましょう。なれたら、つついたりプロレスをするように遊んであげます。

2 パペットで、体のあちこちをさわります。苦手なシッポやお腹にふれるのもいいでしょう。

3 パペットで遊びながら、もう片方の手でも体にふれてみましょう。人にふれさせるのをならします。

Part 3 柴ライフをはじめよう　もっとなかよくなれるふれ方テクニック

STEP 2 そっと抱っこしてみよう

1 ごほうびを見せ呼びかける

子犬が食べられるフードを用意し、「オイデ」と言いながら誘いましょう。子犬に覆いかぶさる姿勢にならないよう注意します。

2 体のほうに誘導する

体の横に子犬がくるよう、ごほうびを食べさせながら手を引きます。そのままひざの上にのるように誘導します。

3 そっと体を抱える

ひざの上に来たら、そっとお腹側から両前足の間に手を入れて抱えます。抱いた姿勢を保ち、なれさせましょう。押さえつけたりせず、逃げてしまったら、また最初からくり返します。

4 抱えられるのになれたら中腰になる

ごほうびを食べさせながら、ゆっくり中腰になってみましょう。今度は高さにならしていきます。少しなれさせたらまたすわります。下ろすときは、全部の足が地面に着いたのを確認してから放して。うまくいかないときは、まずハンドリング（→ p.76）の練習を。

成犬の抱っこテク

1 体の横に来させてから、腕の上にお腹をのせるようにして、胸元とお腹をそっと抱えます。体を密着させたほうが、安心してくれます。

2 四本の足が下を向いたそのままの姿勢で、ゆっくりと立ち上がります。足が下にあり、水平に抱っこされるのが犬にとって自然な姿勢です。

3 立ち上がったら、お腹を支えていた手で胸元も支えましょう。もう片方の手で、後ろ足を支えると安定します。

やっちゃダメ！ NG抱っこ

お姫さま抱っこ
あお向けになるお姫さま抱っこは、犬にとっては不自然。信頼した相手か降参した相手にしかお腹は見せません。

縦抱き
縦抱きは、いつもと違う体勢なので犬は不安です。四本の足は下に向けましょう。

上から近づき抱き上げる
覆いかぶさられるのは、犬にとってこわいこと。そっと横から近づきましょう。

脇の下や腕を持ち引き上げる
猫を抱くように脇の下を持ったり、腕だけ持って引き上げるのは犬には向きません。

Part 3 柴ライフをはじめよう　もっとなかよくなれるふれ方テクニック

基本のしつけは初日からはじめよう

―― 生活リズムを定着させよう

柴犬を家に迎えたら、まずは生活リズムを定着させるのが最初のしつけになります。サークルとクレートで過ごさせ、"ここが自分の居場所"と覚えてもらいましょう。そのうえでどこで排泄し、眠るのか、人と暮らすうえでの基本ルールを身につけさせていきます。

「マテ」や「オスワリ」のような、コマンドを使うトレーニングは基本のしつけができてからです。

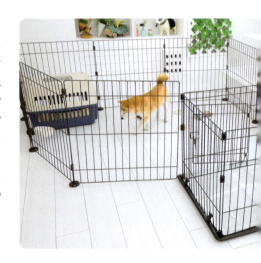

ここに注意
本能を満たしながらしつけて"かむ"を防ごう

柴犬は洋犬と比べてメンタル・キャパシティ（心の許容量 ➡ p.53）が小さく、順応性も高くありません。野生に近い犬種だけに本能的な行動が得意で、何か刺激を受けると体のつくりから口から先に動く傾向があります。とくに子犬はメンタル・キャパシティが小さく、恐怖や不安から、かんでしまうことも少なくないのです。

とはいえ、すぐに口が出ると困ってしまいます。それを避けるため、柴犬のしつけはこわがらせず、本能を満たしつつ行うのがポイントです。かんでもいいおもちゃを与え、欲求を満たしてあげましょう。一方でごほうびを利用し、人との生活に順応できるよう導いてあげるといいでしょう。

ほめテク

ほめ言葉は簡潔に

柴犬は、大声は苦手です。ほめるときは、極端に声を張り上げたり、大声を出す必要はありません。「イイコ！」「good!」「いいね！」など、簡潔に伝えてあげましょう。

なでられるのも好まないので、とくになでる必要はありません。

できたらほめてごほうび

ほめるタイミングは、柴犬が飼い主さんの望む行動をできたときです。時間が経ってからでは、なぜほめられたのかわかりません。その瞬間にほめ、フードやおやつなどごほうびを与えましょう。繰り返すうちに、「同じ行動をするとまたいいことがある」とわかってきます。

柴のしつけはほめる＋ごほうびで！

恐怖で支配してはダメ

柴犬は我が強く、思いどおりにふるまってくれないこともあります。だからといって、いら立ちをぶつけてはダメ。たたいたり、たたくふりなど力で支配しようとすると、信頼が失われてしまいます。

叱りテク

「タイムアウト」が効く

タイムアウトとは中断の意味で、一時的に無視することです。甘がみや要求吠えが激しかったり、興奮しすぎて手に負えなくなる前に、犬とのやりとりを一旦中断しましょう。

たとえば、おもちゃで遊んでいるときに手や足にかみついてきたら、視線を逸らしおもちゃを離します。少し待って再度遊んでも、同じようにかみついたりしてきたら、犬のいる部屋から黙って立ち去ります。ただし、1分前後で戻ってきてあげましょう。

基本のしつけ 1 生活リズムをつくろう

子犬は家に来た日から、サークル内で過ごす習慣をつけさせましょう。
トイレ専用のサークルもすぐ横に準備しておきます。

STEP 1 サークルで過ごす

サークルのレイアウト例

クレート
眠ったり、休んだりするおうち。
トイレからは離して置きます。

おもちゃ
かんだり、転がしたり
ひとりで遊べるおも
ちゃを置いてあげて。

水容器
首に負担がかからないよう、
飲みやすい高さにセット。
トイレからは離れた場所に
します。

トイレ
遊んだり眠ったりするサークルと
は別に、専用のサークルを設置。
サークルの床全面に、ペットシー
ツを敷き詰めておきます。

初日から
サークルに入れて

すぐに室内で放し飼いにすると、子犬はかえっ
て落ち着けません。"自分の居場所"と感じられる
よう、あらかじめ設けたサークルに入れてあげま
しょう。そのほうがストレスを感じずにすみます。

なれてきたら、徐々に行動できる範囲を広げま
す。ただし、トイレトレーニングがすむまではサー
クル内を生活の中心にします。

なじみある
グッズを準備

はじめての場所でもさみし
くないよう、お店や犬舎で
使っていた毛布やおもちゃな
どを入れておくといいでしょ
う。大きめのぬいぐるみも、
子犬が安心できて落ち着ける
ことが多いアイテムです。

STEP 2　トイレを覚える

1　トイレに誘導

トイレの練習も初日から

トイレのしつけも、サークルで過ごす練習と並行して行いましょう。最初から場所を定めずあちこちにさせると、なかなか覚えられなくなってしまいます。1週間ほど、集中的にトレーニングするのが早く覚えるコツです。

ふと立ち止まったり、隅っこへ行く、執拗ににおいをかぐなど、排泄したいサインが見られたら、トイレ専用サークルへと移動させます。

ペットシーツは隙間ができないよう、重ねて置いて。全面に敷き詰めましょう。

トイレへはなるべく自分で歩いていくのが理想。フードなどごほうびで誘導します。

おいしいものだ！

2　排泄をうながす

トイレのサークル内で、しばらく自由にさせましょう。犬は排泄したくなると、床のにおいをかぎながらクルクル回ったりします。「ワン、ツー、ワン、ツー」あるいは「シー、シー、シー、シー」などと、リズミカルに決まった言葉をかけてみましょう。

Part 3　柴ライフをはじめよう　基本のしつけは初日からはじめよう

65

3 排泄したらほめてトイレの外へ

排泄したら、たくさんほめてあげましょう。ごほうびに、トイレサークルの外に出してあげます。排泄して汚れたペットシーツは、外で遊んでいる間に交換します。

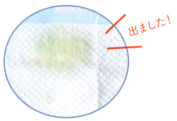

4 サークルから外へ誘導

トイレサークルの外に出たら、今度はサークルも開けて室内へと誘導していきます。いきなり抱えて外に出すのではなく、自分で歩いて行けるよう、フードやおもちゃで誘ってあげるといいでしょう。

5 室内でしばらく自由にさせる

サークルの外に出られたら、しばらく自由に散策させます。遊びたがるなら、一緒に遊んであげるといいでしょう。

6 サークルに戻し休ませる

子犬は長い時間遊ぶと疲れてしまいます。10〜15分ほどしたら、サークルに戻してあげましょう。自由にさせ、クレートに入るようならそのまま休ませます。

遊ぼうか休もうか…

7 1〜6を繰り返す

再びソワソワとにおいをかぎだしたり、急に立ち止まったりしたら、トイレサークルに連れていってあげましょう。

においをかいでクルクルと回りだしたら、「ワン、ツー、ワン、ツー」「シー、シー」など決まった言葉をかけてあげましょう。

イイコ！

排泄できたら、「イイコ！」「いいね！」などと言ってほめ、トイレサークルから出してあげます。

だんだんわかってきた！

再びサークルの外に出し、遊んであげます。10〜15分くらいしたらサークルに戻し、トイレへ行かせる、を繰り返します。

基本のしつけ 2

名前を覚えてもらおう

子犬に自分の名前を覚えてもらうと、コミュニケーションがとりやすくなります。名前を呼んで注意を引いたり、アイコンタクトできるようになります。

1 近くで名前を呼ぶ

近くで子犬の名前を呼んでみましょう。このとき、犬に覆いかぶさらないように注意します。

2 寄ってきたらごほうび

寄ってきたら、ほめてすぐごほうびをあげましょう。「名前を呼ばれるといいことがある」と覚えてくれます。

3 繰り返し呼んで練習

再び名前を呼び、注意を引きましょう。犬は口調やトーンも、繊細に感じ取ります。笑顔でやさしく呼んであげましょう。

4 目が合ったらほめる

名前を呼んで目が合ったら、たくさんほめてあげましょう。ほめた後に、ごほうびも与えます。

基本のしつけ 3 ハウスになれさせよう

ハウス（クレート）は犬にとって「安全で、安心できる場所」と覚えてもらえるよう、少しずつならしていきましょう。慌てず、数日かけて練習するといいでしょう。

1 フードで気を引きハウスに誘導

クレートの上部をはずせるのなら、最初ははずした状態で練習します。クレート内にフードを投げ入れ、フードにつられたら「ハウス」と声をかけながらハウスへと誘導しましょう。

2 奥まで誘導してから方向転換

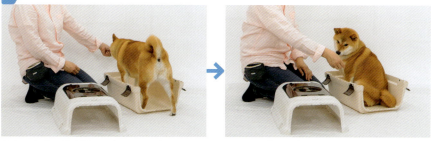

クレート内に足を踏み入れることができたら、フードで誘導して奥まで歩かせます。奥まで行けたら、ごほうびにフードを与えて。そこから方向転換できるよう、再びフードで誘いクレートの入り口を向かせます。

3 クレートの感触になれさせる

クレートに落ち着いていられるよう、その場でフードを与えます。コングなど、中にフードを詰められるおもちゃを使ってもいいでしょう。

4 上部をつけクレートに誘う

クレートにいることになれたら、上部をつけて同じ練習をしましょう。フードを投げ入れ、「ハウス」と声をかけながら中に入るよう誘導します。最初のうちは、扉を開けたままにしておきます。

5 出てきたら 4 を繰り返す

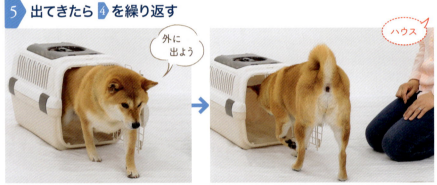

フードを食べ終え、すぐ出てきてしまってもかまいません。まずはクレート内に入ることにならすため、再度フードを中に入れ誘導しましょう。だんだんと、入ることに抵抗がなくなってきます。

6 中にとどまれる工夫を

クレートに入った状態で、フードを与えましょう。クレートに入っていると、いいことがあると覚えてくれます。ひとりでとどまっていられるよう、コングなど長く遊べるおもちゃに換えてみます。

7 なれたら扉を閉めてみる

ハウス内にとどまって遊べるようになったら、扉を閉めてみましょう。ただしカギはかけず、押せば開くようにします。最初は数秒で、すぐに開けてあげましょう。

8 中にいられる時間を延ばしていく

中にいられるようになったら、扉を閉める時間も少しずつ長くしていきましょう。「閉じ込められた」と思わせず、嫌な経験をしなければ、クレート内で落ち着いて過ごせるようになります。

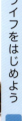

Part 3 柴ライフをはじめよう　基本のしつけは初日からはじめよう

災害時 に役立つ！ ハウスのしつけ

ハウスのしつけは、災害時にも役立つのでぜひできるようにしておきましょう。避難所では、人とペットのエリアが分けられていることがほとんどです。たとえ一緒にいられても、放し飼いはできません。ハウスに入る習慣があれば、中で落ち着いて過ごせ、ペット自身のストレスも軽減できます。

かむ！ さわれない!?
子犬の3大お悩み対策

悩みに発展する前に予防しよう

　柴犬は、ほかの犬種より野性的です。とくに子犬はかむ、かじっていたずらする、体にふれさせたがらないという悩みが多く聞かれます。

　困った行動が常態化すると、やめさせるには時間がかかります。子犬のころから、悩みになる前に防ぐのが先決！ 本能を満たす違う遊びを取り入れたり、予防策を試し、してほしい行動を先に覚えさせましょう。

　タッチ、オハナ（→ p.107）、カジカジ（→ p.113）などのトレーニングも役立てて。

かみ心地抜群♡

悩むような行動を覚える前に、本能を満たす工夫で事前に予防を！

悩み1　とにかくかむ

　「イヤダ」「コワイ」「サワラナイデ」「トラレタクナイ」など、嫌なことがあると、柴犬はつい口が出がちです。甘がみだけでなく、本気でかむことも少なくありません。

　手をかむ経験が続くと、手をかむことにどんどん抵抗がなくなってしまうので、あらかじめ手をかませない工夫をしましょう。

対策1　パペットでガード

　とくに子犬と遊ぶときは、パペットをはめて手を守りましょう。体の各部位にふれると、さわらせる練習にもなります（→ p.59）。かんできたら、「痛い！」と大げさに痛がると加減を覚えます。人の手はかむ対象ではなく、ごはんをくれるなど「いいことをしてくれるもの」と今後のしつけを通じて覚えさせていきます。

おもちゃはかんでもいいよ

72

対策 2 長めのおもちゃで遊ぶ

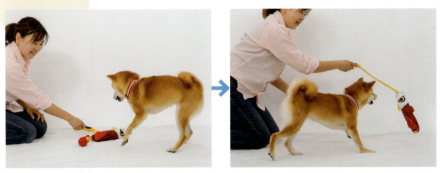

ロープや長いおもちゃなど、手に届きにくいおもちゃを使って遊んでみましょう。おもちゃを動かし、興味を引いて。先端で遊んでいるときは、大きく動かします。

遊んでくれないの…

手のほうに来たり、かもうとしたら、何も言わずにおもちゃから手を離します。「手をかむと、楽しいことがなくなる」と覚えてもらいます。

対策 3 かんでいいおもちゃを与える

かんだりかじったりするのは、柴犬の本能です。本能を満たしてあげられるよう、ガジガジかじれるおもちゃを与えてあげましょう。柴犬は何でもこわしてしまうので、壊れにくいもの、壊してもいいおもちゃを選びます。長い糸の出るおもちゃは食べてしまうと腸内でからむ危険があるので避けて。

かじっても大丈夫

Part 3 柴ライフをはじめよう　かむ！さわれない⁉ 子犬の3大お悩み対策

悩み 2 いたずらする

　家具をかじったり、ひらひらと揺れるカーテンの裾をかじってしまったり。「いたずらが困る」、という声もよく聞かれます。
　だからといって、近づいただけで「ダメ！」と制するのはかえって気にしてしまい逆効果です。いたずらしなくてすむ環境を整えてあげましょう。

柴は少し高いところなら身軽に上がってしまいます。いたずらしなくてすむよう、あらかじめ片づけを。

対策 1 かじって困るものは片づける

　かじられそうな家具は、ガードを付けるなどあらかじめ近づけないよう対策しましょう。カーテンは届かないよう、上のほうでまとめます。いたずらは子犬のころだけで、経験を重ねるうちに学習し落ち着いてきます。

対策 2 いたずら防止スプレーを使う

　天然素材で、ワンコがなめても心配のない、いたずらや甘がみ防止スプレーが販売されています。かじって困る場所に、かけて使いましょう。一発勝負のつもりでビショビショになるぐらいかけ、「この味、イヤ！」と思わせるのが成功のコツです。

対策 3 おもちゃで遊んであげる

　じゃれたりかんでいいものを与え、たくさん遊んであげて（→p.108〜116参照）。犬によって木や布、音の出るおもちゃと好みが違います。飼い主さんにもらったもののほうが一緒に遊んでくれる、楽しいことがある、と思わせられれば成功です。

悩み 3　ふれさせてくれない

　柴犬は体にふれられることに敏感で、足がふけない、ハーネスがつけられない、という悩みもよくあります。とくに四肢の先端は感覚が鋭く、本能的に拒否します。
　「嫌だな」「不安だな」と思わせるのではなく、ふれるときは楽しいことと同時進行させ、がまんさせないのがポイントです。

さわらないでほしいの

対策 1　フードを与えながらふれる

　"ふれる"が子犬にとって嫌な行為にならないよう、ふれるときはフードなどごほうびを与え続けます。全身ふれられるようにする「抱っこ（➡ p.60）」「ハンドリング（➡ p.76）」の練習を行いましょう。うれしいことがいつもセットになっていれば、ふれられるのに抵抗がなくなります。

対策 2　"装着"にならす

　柴は、体に何かを装着していることが苦手な子が多いようです。まず首輪やハーネスは、フードを与えながら自分から体を入れられるよう練習しましょう（➡ p.137）。装着したら、その状態で遊んでつけていることを忘れさせます。

対策 3　ルーティン好きを利用する

　柴犬は毎回同じようにしたほうが安心します。足をふく、ブラッシングする、ハーネスをつけるときなどは、どの場所でどういう手順で行うか順番を決めておきましょう。

ブラシを見せて…ごほうびを…

あ、これいつものね！

ハンドリングを練習しよう

ごほうびを与えながらふれる

犬の体を人が自由にさわれるようにするしつけです。柴犬はふれられるのを嫌いますが、全身ふれられないと、毎日のケアや体のチェックができません。ごほうびを同時に与えて楽しい気持ちにさせ、ふれられることへの抵抗をなくせるよう練習しましょう。

ごほうびを与えながら、顔まわりからふれてみましょう。もぐもぐしている間に違う箇所をさわり、ならしていきます。

顔〜背中にふれる

1 手の甲で顔まわりにふれてみる

おいしい♡

ごほうびを与えながら、ふれてみましょう。最初は手の甲でふれたほうが、圧がかからず感触がソフトです。ごほうびに夢中になっている間に、その手をすべらせて頭もさわってみます。

2 手のひらでふれてみる

手の甲でふれられるのになれてきたら、手のひらでもふれてみましょう。顔を包むようにしてみてもいいでしょう。

3 頭〜背中へ手を移動

モグモグ

もぐもぐしている間に、頭から背中へと手をすべらせていきます。手を離さずにゆっくりとふれていくのがポイントです。

尾にふれる

4 背中からシッポへとなでていく

背中へとすべらせた手を、そのままシッポへと移動させます。シッポをなで、軽くにぎったりもしてみましょう。その間、ごほうびを与え続けます。

足にふれる

5 後ろ足を先にふれる

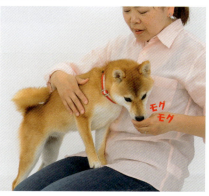

シッポにふれたら、そのまま手を下ろして後ろ足にふれましょう。足にふれられるのは苦手ですが、前足より後ろ足のほうがまだ抵抗が少なめです。ふれるのになれたら、再び体の前へと手をすべらせます。

6 前足にふれる

さわられても全然平気！

柴犬に限らず、犬は前足にふれられるが苦手です。体や後ろ足にふれられるのになれてから、体をなでる手を肩のほうからすべらせて前足にもっていきましょう。なれたら「オテ」（→p.106）の練習に進みます。

Part 3 柴ライフをはじめよう ハンドリングを練習しよう

足ふき

プレ・トレーニングしてみよう

「オテ」で前足をにぎる

1 まずはp.106を参考に、「オテ」ができるように練習しましょう。

2 「オテ」になれたら、前足を軽くにぎってみます。できたら、そのたびにごほうびを与えましょう。だんだんと、にぎる時間を長くしていきます。

タオルの感触にならす

1 小さくたたんだタオルに「オテ」させます。においをかぎ、安心すれば「オテ」しますが、最初は前足がのらないかも。

2 何度か繰り返し、なれてきたらタオルの上に前足をのせられるようになります。

3

小さなタオルになれたら、少しずつタオルを大きくして。最初はのせられなくても 1→2 を繰り返し、徐々にタオルの感触にならしていきます。のせられるようになったら、ぬらしたタオルに変えてもOK。

柴犬が苦手とする足ふき、ブラッシングを練習してみましょう。
無理強いせず、だんだんとならせば嫌がらずにできるようになります。

ブラッシング

最初は獣毛ブラシで！

1

なんだろう
クンクン

いきなりブラシをあてるとこわがるかもしれません。まずはブラシを見せ、においをかがせてみます（かじらせないように注意！）。

2

フードなどごほうびを与えながら、比較的嫌がらない背中にブラシをそっとあててみます。ゆっくり、動かしていきます。

3

コング
モグモグ

コングにごほうびを入れ、気を引きながらおしりから後ろ足にもブラシをあててみます。軽くとかせばOKです。

4

胸まわりにブラシをあててみましょう。やはりコングを使えば、ごほうびに夢中になっている間にとかせます。

5

極楽！

最初はとかす、というよりふれているだけでOK。ブラシをあてられるのになれてきたら少しずつとかすように力を入れていきます。だんだんと、リラックスできるようになります。ごほうびで、いいイメージを抱かせましょう。

Part 3 柴ライフをはじめよう　プレ・トレーニングしてみよう

79

順応性を高める社会化レッスン

社会化期に経験を積ませよう

好奇心いっぱいの生後3〜4カ月は、さまざまな体験を通じて順応性を高めるための大切な時期です。"社会化期"と呼ばれています。

柴犬はとくに音に敏感なので、まずは家で生活音にならしましょう。抱っこでの散歩は、3回目のワクチン接種前からはじめてかまいません。こわがらない範囲でほかの人や犬にも会わせ、外の世界にもならしていきます。

ワクチン接種前はバッグなどに入れて外の世界を見せ、音を聞かせましょう。

社会化はなぜ必要？

こわがりになるのを防ぐ

社会化期に家にこもっていると、外の音に過敏になったり、飼い主さん以外の人や犬をこわがる心配があります。

ほかの犬とのトラブルを防ぐ

人や犬に会ったときにいい経験をさせてあげれば、はじめての人や犬でもトラブルになりにくくなります。

事故を防ぐ

外の音になれていないと、知らない音や大きな音に驚き、逃げて迷子になってしまうかもしれません。車道に飛び出して事故になる心配もあります。

家でならしたいこと

掃除機やドライヤーなどの音

動く家電はいきなり動かさず、まず見せて形にならします。次に手動で動かし、最後になるべく小さな音を出すなど、少しずつならしていきましょう。

花火や踏切などの音

柴犬がこわがることの多い花火や雷、電車などの音は、外で体験する前に動画などで聞かせましょう。最初は小さな音にし、少しずつボリュームをあげていきます。楽しくおもちゃで遊んでいる最中に、苦手な音を聞かせるのもいい練習になります。

外で経験させたいこと

車や電車を見せる

抱っこで連れ出し、最初は駐輪場や駐車場に停めてある自転車やバイクを見せましょう。実際に動くのを見せるのはそのあとです。踏切や電車なども、静止している状態で見せるのが先です。

よその人に会う

家族だけでなく、老若男女を問わずいろいろな人に会わせるといいでしょう。楽しい記憶が残るよう、おやつを渡して与えてもらうのもいいでしょう。

ほかの犬に会う

なるべくフレンドリーな犬に会わせてあげるといいでしょう。ほかの犬とすれ違うときは、フードをひと粒あげるなど楽しい経験をさせてあげるとプラスのイメージを抱けます。

Point いい経験だけを積み重ねて

家でも外でも、こわかったり、びっくりするようなことは極力体験させないようにしましょう。こわいことがあればすぐにフードなど与え、いい経験で終えられるのがベストです。嫌なことは記憶させず、いいイメージを抱けるようにしてあげましょう。

Part 3 柴ライフをはじめよう　順応性を高める社会化レッスン

お留守番させてみよう

少しだけ離れる練習からはじめよう

柴犬は自立心旺盛で、さびしくて後追いしたり、キュンキュン鳴いたりすることはほとんどありません。でも、ケージをかじったり、いたずらすることはあります。たっぷり遊び、疲れさせてから出かけるといいでしょう。

留守番の練習は、飼い主さんが家にいられるときにはじめます。いきなり長時間の留守番をさせず、数分単位で少しずつならしていきましょう。

ひとりに強いメンタル

留守番を成功させる コツ

サークルとクレートにならしておく

ふだんからサークルやクレートを使い、「入るのはふつう」と思えるようにしておきましょう。留守番のときだけ入れようとすると、嫌がってしまいます。

遊んで疲れさせておく

出かける前に、たくさん一緒に遊んで疲れさせておきましょう。ひとりで遊べるコングなどのおもちゃを入れておくのもいいでしょう。

広いエリアで待たせない

広いエリアで待たせると、かえって落ち着きません。いたずらできるエリアが広がってしまいます。サークルの中が柴犬の居場所です。

おうちで待てるよ

「サークルで過ごすのは、ふつうのこと」にしておくと、留守番しやすくなります。

留守番の練習 4STEP

STEP 1 部屋を出ていく

サークルの中に入れ、部屋を出ていきます。ふだんから入りなれていれば、柴は「自分の居場所」として落ち着いていられます。

STEP 2 短時間で戻ってくる

最初はほんの1分程度だけ離れ、子犬が鳴いたり吠えたりする前に戻ってきます。吠えずに待っていられたら、しっかりほめてあげましょう。

STEP 3 離れる時間を少しずつ延ばす

部屋を出る、戻るを、少しずつ離れる時間を延ばしながら繰り返しましょう。鳴いたり吠えたりする前に戻るのがポイントです。

STEP 4 信じて待てるようになれば成功！

たいくつしないで遊べるようなおもちゃも入れてあげて。いたずらせず留守番できたら、しっかりほめてあげましょう。自信がつき、「飼い主さんは、いなくなっても帰ってくる」と信じて長時間待てるようになります。

Part 3 柴ライフをはじめよう　お留守番させてみよう

Column

預けて出かけるとき

預け先は下見し、何回かお試しを

　飼い主さんが長時間留守にするときは、預けて出かけるのもひとつの方法です。できれば2〜3カ所の預け先候補をピックアップし、事前に見学しましょう。

　"うちの子"に合っていそうな預け先を見つけたら、まずは数時間だけを数回、お試しで預かってもらうといいでしょう。

合っているかは犬の反応で判断

　預け先が合っているかは、再度訪れたときの犬のようすで推測できます。スタッフにシッポを振ったり、自分から近づいていけるような施設が安心できます。

この場所知ってる！

スタッフに会ったときの表情も、合った預け先かどうかの参考になります。

チェック！ 預ける前に準備するもの

- ☐ ワクチン証明
- ☐ なれたベッドや毛布
- ☐ いつも食べているフード
- ☐ ペットシーツ（不要なことも）
- ☐ ハーネスまたはリードと首輪

うちの子の「トリセツ」を渡そう

柴犬は、野生に近い犬種です。中には、興奮するとかんでしまったり、ほかの犬に攻撃的になる子もいます。気になる点、注意してほしい点があれば、メモして渡すといいでしょう。

どんな預け先がある？

ペットホテル

ケージではなく、ふつうの部屋で預かってくれるホテルも。多くは専門スタッフによるお世話が充実しています。

トリミングサロン併設のホテル

よく利用するサロンなら、犬が場所とスタッフになれているメリットが。過ごす場所はケージや専用の部屋などさまざまです。

動物病院併設のホテル

動物病院なら、体調不良にすぐ対処してもらえる安心感があります。過ごす場所はステンレスケージが多いようです。

ペットシッター

自宅に犬の世話をしにきてくれ、散歩もお願いできます。カギを預けるので、信頼できる人を探すことが重要です。

Part 4

絆を深める
柴トレーニング

柴トレが大切な 3つの理由

忠誠心

柴犬となかよく暮らすには、
ルールを学ぶトレーニングが欠かせません。
飼い主さんとの信頼関係が築かれ、
落ち着いて過ごせるようになります。

理由 1
強い絆ができる

　子犬にとって、はじめての人社会はわからないことだらけです。そこでどうふるまえばいいか、望ましい行動を教えてあげるのがトレーニングです。飼い主さんの指示に従って何かができることは、犬の自信につながります。「この人に従えば安心」「一緒に何かすると楽しい」と思えるようになれば、自然と絆が強くなっていきます。

理由 2
人社会でのルールを学ぶ

　犬が人と暮らすには、人社会のルールを学ぶ必要があります。ルールを守れず、やたら吠えたりかんだりしてしまうと飼い主さんも犬自身も気が休まりません。トレーニングで人社会のルールに沿って暮らせるようになったほうが、人も犬も幸せです。

指示を待ちます！

理由 3
柴自身の命を守る

　トレーニングは、犬自身の命を守ることにつながります。とくに重要なコマンド（指示）のひとつが「マテ」で、車が来て危ないとき、興奮して逃げたときなど、コマンドで止まれれば命を守れます。ほかにも「コイ」、「ハウス」など、ふだんからできればいざというときに役立ちます。

柴トレ成功のPOINT

成功体験を積み重ねる

最初は簡単にできるレベルから、スモールステップで進めましょう。難しくてできないことが続くと、トレーニングが嫌になります。成功体験を積み重ねたほうが、犬もやる気が出ます。

できなかったら前に戻る

トレーニングは、あせらなくて大丈夫です。段階的に進め、うまくできないときは前の段階に戻りましょう。

短時間の練習を繰り返す

トレーニングは、1回5〜10分ほどで終わらせましょう。ただし、しばらくは毎日繰り返します。ある時期に集中して練習することで、記憶が定着します。

コマンドは短く、はっきりと

指示の言葉＝コマンドは短く、はっきりとした言葉にします。くっきりした発音のほうが犬は聞きやすく、何をすればいいか理解しやすくなります。

叱るよりほめる

失敗しても、叱るのはやめましょう。成功してほめられることで犬は喜びを感じ、自信をつけます。「またほめられたい」「ごほうびをもらいたい」と意欲が出て、指示に従えるようになります。

柴犬の本能と習性を知っておこう

6つの本能を満たしてあげよう

柴犬には、もともと備わった本能や欲求があります。大きく分けると6つあり、それぞれを満たしてあげることが重要です。

欲求が満たされないと犬は心身のバランスをくずし、やたらと吠えたり、飼い主さんに従えなくなることもあります。人と犬が幸せに暮らすため、してあげるといい6つのポイントを知っておきましょう。

柴犬の6つの本能

1 カミカミしたい！
Chewing

2 吠えたい！
Barking / Howling

3 狩りたい！ 探したい！
Hunting / Exploring

4 快適な体でいたい！
Grooming

5 食べたい！
Eating

6 かかわりたい！ 遊びたい！
Social contact & Play

原案●加治のぶえ（おりこうワンちゃん）

心身のバランスを整える 6 POINT

POINT 1　カミカミしたい！
Chewing

　猟犬として人を手助けしていた柴犬にとって、かむことは自然な要求です。とくに子犬は、歯がむずがゆくてかむこともあります。いたずらをしなくてすむよう、かんでもいいおもちゃを与えて本能を満たしてあげましょう。

してあげよう！
- [ ] 引っぱりっこ ➡ p.110
- [ ] かじれるおもちゃを与える ➡ p.113
- [ ] 歯みがきガムを与える ➡ p.187
- [ ] ジャーキーやアキレス腱など歯ごたえのあるおやつを与える ➡ p.167

※鹿角、ヒヅメなどは硬すぎて歯が折れてしまうこともあるため、あまりおすすめしません。

ガジガジガジ

POINT 2　吠えたい！
Barking/Howling

　柴犬にとって「吠える」「うなる」は、意思を伝えるコミュニケーション手段です。なわばり意識を持ち、声で気にいらない相手を退けようとするのも自然な行動です。ただ、人にとってはやたらと吠えられると困るので、「カットオフシグナル」でやめられるようにするのが理想です。
　カミカミなどほかの欲求などを満たすことで、吠えたい気持ちを抑えることもできます。

してあげよう！
- [ ] カットオフシグナルを教える
　　ものごとを中断させるサインのことです。サインを出せば、吠えるのをやめるようにトレーニングします。いたずらをしているときにも使えます。

ヤメテ

❶吠えたら、「**ヤメテ**」「**ストップ**」など合図を出す。

❷やめなければ犬の正面に立ちはだかり、「**ヤメテ**」や「**ストップ**」を繰り返す。

❸吠えやんだタイミングで犬の正面をどき、ほめる。

※おもちゃやおやつで気をそらすと、吠えやむことが。要求吠えの場合は、タイムアウト（➡ p.63）で反応しないようにしましょう。

Part 4　絆を深める柴トレーニング　柴犬の本能と習性を知っておこう

89

POINT 3　狩りたい！　探したい！
Hunting/Exploring

柴犬は、もともとはマタギなどの狩猟の手伝いをしていました。においで獲物を探したり、動くものを追いかけたり、捕まえたりするのは自然な欲求です。このような遊びをぜひ取り入れ、本能を発揮させてあげましょう。

してあげよう！
- [ ] 引っぱりっこ　→ p.110
- [ ] モッテコイ　→ p.112
- [ ] ノーズワーク　→ p.114
- [ ] 自然の中で散歩　→ p.139

戸外で、ボールを使って「モッテコイ」してみましょう。狩猟本能を発揮できます。

POINT 4　快適な体でいたい！
Grooming

柴犬は、ふだんは散歩後に体をさっと拭く程度でOK。シャンプーも1～1カ月半に1回ぐらいで十分です。ただ、抜け毛が多いのでブラッシングは毎日してあげましょう。歯みがきなど体の各部位もお手入れし、快適さを保ちます。

してあげよう！
- [ ] ブラッシング・皮膚のチェック　→ p.182～
- [ ] 目のお手入れ　→ p.186
- [ ] 歯みがき・口臭チェック　→ p.187
- [ ] 爪切り・肉球まわりのチェック　→ p.188
- [ ] 耳のお手入れ　→ p.189

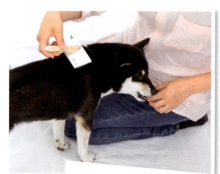

POINT 5 食べたい！
Eating

　食べることは、柴犬にとって生きるために欠かせない行動です。ときには犬自身が食べ物を探して食べるような遊びをすると、本能を刺激し、欲求を満たすことができます。また食欲を利用することで、しつけがスムーズにいくこともあります。

してあげよう！
- [ ] ノーズワーク ➡ p.114
- [ ] 食事の与え方にひと工夫 ➡ p.172

ノーズワークは、隠したフードをにおいで探す遊びで本能を刺激します。シニア犬にもおすすめです。

POINT 6 かかわりたい！　遊びたい！
Social contact & Play

　柴犬は大勢で群れるより、1対1の絆を好みます。たとえばドッグランで不特定多数のほかの犬種と遊ぶより、自然豊かな里山などを飼い主さんと散歩したり、家族だけでキャンプに行くのが好きなタイプです。そんな性質を理解し、かかわってあげましょう。

してあげよう！
- [ ] 一緒に遊ぶ ➡ p.108〜116、156
- [ ] 朝夕の散歩 ➡ p.134〜
- [ ] ほかの犬とあいさつ ➡ p.151

心を許せる人がひとりいればいい、というのが柴。一緒に過ごす時間を大切にしてあげましょう。

Part 4　絆を深める柴トレーニング　柴犬の本能と習性を知っておこう

柴の気持ちがわかるボディランゲージ

― 表情、しぐさから気持ちを読み取ろう

柴犬は表情が豊かです。言葉を話さなくても、うれしいとき、驚いたときなど感情がダダもれで、どこか人間くさく感じられたりもします。ツンとする一方でふいにとびきりの笑顔を見せることも多く、ツンデレな態度が飼い主さんの心をわしづかみにします。

犬の動作によるサインは、「カーミング・シグナル」（calming signal）といいます。柴犬の気持ちを理解しやすくなる、代表的なシグナルを知っておきましょう。

うれしい、楽しい、大好き！

飼い主さんに会えたときなど、シッポを振るだけでなく表情も輝きます。

シッポを振る

うれしいとき、喜んでいるときは、シッポを激しく振ります。とくにおしりごとフリフリするときは、喜びが炸裂しています。

会いたかった♡

ここに注意
シッポの先端だけチラチラ振るときは、ほかの犬などに警戒しているので気をつけましょう。

遊びも真剣

上半身を低くする

飼い主さんやほかの犬に対し、頭を低く下げて前足を伸ばし、おしりを高く上げる姿勢をプレイバウ（play bow＝遊びのお辞儀）といいます。「遊ぼう」と誘っているサインなので、一緒に遊んであげましょう。

ヒコーキ耳

うれしいとき、こわいときなど、耳をヒコーキのように横に倒したり、ペタッと頭に倒れて丸い頭になったりします。柴犬によく見られる、とてもかわいいサインです。

ワーイ！

好き好き好き♡

うれしくてうれしくて、ヒコーキ耳からアザラシ顔になることも。

手や顔をなめる

飼い主さんの手や顔をペロペロなめるのは、甘えているサインです。叱っているときに、「怒らないで」と相手をなだめる意味でなめてくることも。

鼻にシワを寄せる

うれしいときにも、鼻にシワを寄せることがあります。おしりとシッポをフリフリしながら鼻にシワを寄せるなら、とてもうれしいのでしょう。

> **ここに注意**
> 喜びだけでなく、相手を威嚇するサインのことも。このときは口元がひきしまり、緊張感があります。歯もむき出す、いわゆる「ムキっ歯」になっていると、はじめての犬同士はケンカになる心配があるので離したほうが安全です。

ベタベタしないけど大好きなんだ

チョンチョンさわってくる

前足でチョンチョンとさわってきたり、鼻をツンツンあててくるときは、かまってほしかったり、散歩に行きたいなど、気持ちを伝えようとしています。できるだけ、一緒に遊んであげるといいでしょう。

ストレスがあるの

体をかく

気持ちが落ち着かず、リセットしたいときにします。たとえばほかの犬に会ったときにこの動作をしたら、とくに交流したくないのかもしれません。しつけの最中なら、飽きていることも。単純にかゆい場合もあります。

あくびをする

不安、不快なとき、相手の興奮を落ち着かせたいときのしぐさです。叱られているときにしたら、「もう叱らないで」「落ち着いて」という気持ちなので、叱るのをやめてあげましょう。

手足をしつこくなめる

運動不足だったり、過度の緊張や不安などストレスがあると体をなめ続けることがあります。痛みや違和感、かゆみを感じていることもあるので、傷や炎症がないかもチェックしてあげましょう。

パピーリフト

子犬のころに見られる、片足だけひょいと上げるようなしぐさです。不安だったり、警戒しているので、その原因から遠ざけてあげましょう。

柴ドリル

頭をブルブルと振るしぐさです。柴犬ではドリルのように見えるため、"柴ドリル"と呼ばれています。興奮したり、不安になった気持ちを落ち着かせようとするときに見られます。

Calm down

ブルブル

口や鼻のまわりをなめる

不安や緊張があり、自分を落ち着かせようとしているときに見られます。苦手なことをされ、嫌がっているときもあります。その状況が嫌なので、していることをやめて、その場から離れましょう。

◆ 初動を見極めよう

柴犬は警戒しているときは耳がピンと立ち、口元がひきしまり、シッポを先だけチラチラ動かしたりします。急に攻撃に移ることがあるので、ほかの犬といるときはリードを短めに握ったり、その場から離れましょう。

ここに注意

柴犬に多い「常同行動」

ケージの中をウロウロし続けたり、シッポを追って回り続ける追尾行動を「常同行動」といいます。同じ行動を繰り返してしまうストレスのサインです。

散歩や遊びが足りないなど、欲求が満たされていないことが主な原因です。一緒に過ごしたり散歩の時間を増やすなど、生活を見直してみましょう。

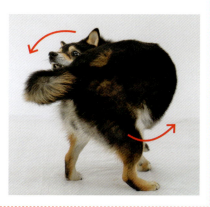

生活になれたら基本トレーニング

―― 気持ちのブレーキを育てよう

　柴犬は、自分の感情に反することをするのが苦手です。好きでないことをされたり、気にいった物を放さなくてはいけないような状況に弱く、嫌だとつい口が出てしまう傾向があります。

　ですから柴犬のしつけでは、「マテ」「ダシテ」など、まず気持ちのブレーキを育てることが重要です。うまくできたらごほうびを与え、「言われたことをするといいことがある」と思えるようにしてあげます。

　トイレやサークルのしつけがすみ、生活のリズムができてきたら基本のトレーニングを始めていきましょう。

基本の柴トレで気持ちのブレーキを養えれば、感情をコントロールできるようになってきます。

トレーニングを楽しく行うコツ

フードに集中していれば、苦手なドライヤーも気にならなくなります。

　最初は、食べ物で誘導する「フードルアー（ルアーリング）」でトレーニングするといいでしょう。食べ物はドッグフードでもいいですが、はじめてのこと、難しいことに挑戦するときは、特別おいしいものを与えると俄然モチベーションが高くなります。ごほうびは5段階ぐらいにグレードを分け、使いわけるとよいでしょう。食べ物に関心が薄い柴は、空腹時に練習するか、大好きなおもちゃを使ってみましょう。

物に執着しているときは、それよりも魅力的なものを提示して口から放させます。

> 基本の柴トレ 1
>
> ## マテ（Stay：ステイ）
>
> 「マテ」は、命を守る重要なコマンドです。車道に飛び出しそうなとき、逃げ出しそうなとき、「マテ」で止められればトラブルを避け、命を守れます。

1 目の前で「マテ」を言う

目の前に立って、「マテ」と言いながら手のひらで犬の目線をさえぎります。「オスワリ」できれば、させておきましょう。

2 待たせたまま、一歩下がる

「マテ」させたまま、飼い主さんが一歩だけ下がります。最初は遠くに離れる必要はありません。

3 手のひらのサインはそのまま

手のひらで目線をさえぎるポーズはそのままです。繰り返せば、だんだんと手のひらで出すサインと指示の意味が結びついていきます。

4 犬が動き出す前に戻る

犬が待ちきれず、動き出す前に戻るのがポイント。ほんの1秒ぐらいで戻りましょう。失敗させないほうが早く覚えます。

5 ほめて、ごほうびを与える

飼い主さんが戻るまで柴が動かずに待てたら、ほめてからごほうびを与えましょう。1〜5を何度か繰り返します。

6 「マテ」をレベルアップしていく

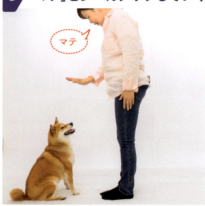

近距離で「マテ」できるようになったら、だんだんと距離を離していきます。「マテ」のスタート地点は同じです。

7 指示を出しながら離れる

「マテ」と言いながら、最初より遠くに離れていきます。1歩の次は2歩、というように少しずつレベルを上げます。

「マテ」が得意なふたりです

8 待ち時間は短めから

離れても待てるようになったら、今度は時間を長くすることにチャレンジしてみましょう。失敗しないよう、ステップバイステップで進めるのがポイントです。

9 犬が動き出す前に再び戻る

失敗させないよう、犬が動く前に戻るのは同じです。動かずに待っていられたら、そのつどほめてごほうびを与えましょう。

10 何度も繰り返し練習

再び「マテ」で離れます。2歩下がり、戻ることを繰り返し練習しましょう。だんだんと、「待つといいことがある」と思えるようになります。

11 最後は「マテ」を解除

トレーニングを終えるときは、「ヨシ！」で「マテ」を解きます。ちゃんとできた成功体験で、終わらせてあげましょう。

外でも「マテ」を練習しよう

「マテ」は、ぜひお散歩デビューする前から練習しておきましょう。家でできるようになっておけば、外に行ったときにより安心できます。

デビューしたら、外でも「マテ」を練習しましょう（→ p.148）。飼い主さんの指示を聞き、遊びたい気持ちのブレーキをかけるウォーミングアップになります。

基本の柴トレ 2

ダシテ（Release：リリース）

柴犬は所有する意識が高く、物に執着して放さないことがあります。
口に入れたものを放せるようにしておきましょう。拾い食い防止に役立ちます。

1 おもちゃで気を引く

興味のありそうなおもちゃを、投げたりして気を引いてみましょう。遊んでいる物があれば、それでもかまいません。

2 おもちゃを放させる

「ダシテ」と言いながら、物を持ちます。執着し、うなりながら引っ張るかもしれません。

3 ごほうびを見せる

無理に引っぱって取ろうとしないで。フードなどごほうびを近くで見せます。

4 おもちゃを放すのを待つ

柴がごほうびを気にして、おもちゃを口から放すのを待ちましょう。効き目がないときは、ごほうびをより好きなおやつにグレードアップして最初からやり直してみます。

5 放したらごほうび

口から放したら、「イイコ！」「good！」などとほめてからごほうびを与えましょう。「ダシテ」で口から放すといいことがある、と覚えるよう、繰り返し練習します。最初はそれほど好きではないもので練習し、「ダシテ」の合図を覚えたら、お気に入りの物などでも練習してみましょう。執着度の低いものからはじめるのがコツです。

基本の柴トレ 3

オイデ（コイ、Come：カム）

呼び戻しは、必ず教えたい大切なしつけです。
呼んだら、いつでも飼い主さんのところに戻れれば、家でも戸外でも安心です。

1 近い距離で練習開始

フードを見せて、最初は至近距離で「オイデ」、あるいは「コイ」、「come(カム)」と呼んでみましょう。

2 来るまで待つ

来るまでじっと待ちましょう。このとき、上体はやや後傾させて覆いかぶさらないように気をつけます。

3 体の近くまで来させる

近くまで来ても、身を乗り出さないで。迎えようと手を伸ばしたりすると、逃げてしまいます。

4 来られたらごほうび

フードを持つ手を引き、飼い主さんにふれるぐらいまで来たら、「イイコ！」や「good!」などとほめてからごほうびを与えます。繰り返し練習しましょう。

ここに注意　「オイデ」で呼んだら柴が喜ぶことをしよう

「オイデ」と呼ばれたのに、歯みがきやブラッシングなど苦手なことをされたらそばに行くのが嫌になります。飼い主さんに呼ばれたら、必ず柴がうれしいことをして「呼ばれて行くといいことがある」と覚えさせましょう。苦手なことをするときは呼ばずに飼い主さんが近づきます。

基本の柴トレ 4

オスワリ（Sit：シット）

すべてのトレーニングの基本です。ほかのトレーニングをするときにもいったん「オスワリ」できると、次の段階にスムーズに進めます。

1 鼻先でごほうびを見せる

親指と人さし指とでフードやおやつをつまみ、鼻先に近づけましょう。においに反応し、柴は興味を惹かれます。

2 フードルアーで誘導

「オスワリ」と言いながら、ゆっくりとごほうびを柴の頭上に持っていきましょう。つられて上を向いていきます。

ここに注意 無理にすわらせないで

すわらないからと、強く腰を押してすわらせようとするのはやめましょう。かえって抵抗し、すわらなくなってしまいます。

3 すわった瞬間にほめてごほうび

柴がおしりを床につけたら、その瞬間に「イイコ！」とほめてごほうびを与えましょう。

4 繰り返し練習する

1→3を何度も繰り返し練習しましょう。すわった瞬間にほめられ、ごほうびをもらうことで、何をするといいことがあるのかわかってきます。

5 オスワリの声をかける

同じように鼻先でごほうびを見せながら、「オスワリ」と声をかけてみましょう。

6 声だけですわるように

フードで上を向かせなくても、「オスワリ」のコマンドだけでサッとすわるようになります。

7 すわれたら、たくさんほめて

すわれたら、「イイコ！」「good！」など、簡潔な言葉でたくさんほめてあげましょう。なでたりする必要はありません。

8 ごほうびを与えましょう

ほめたら、ごほうびを与えましょう。何度も練習するうちに、ごほうびがなくてもサッとすわれるようになります。

基本の柴トレ 5

フセ（Down：ダウン）

おとなしく待たせるときに、役立つトレーニングです。
フセできるときは、ワンコはリラックスしています。

1 オスワリさせ、ごほうびを見せる

柴と向かい合い、「オスワリ」をさせます。「オスワリ」の練習と同じように、柴の鼻先でごほうびを見せましょう。

2 ごほうびを下へとずらす

「フセ」と言いながら、鼻先に近づけたごほうびの位置をゆっくりと真下にずらしていきます。

3 フセの姿勢へと誘導

ごほうびを追って、柴は体を低くしてきます。フセできるまで、ごほうびはおあずけにしましょう。

4 前足の間にごほうびを入れ込む

フセに近い姿勢になったら、ごほうびを前足の間に押し込むようにすると腰が落ちてきます。

5 ほめて、ごほうびを与える

後ろ足、お腹、ひじ、前足の全部が床に着いたら、ほめてごほうびを与えます。何度も繰り返し練習しましょう。家の中でフセできても、外ではできないことが多いです。家の中でしっかり練習して、完全に覚えた後に、外でも練習してみましょう。

"足くぐり"でフセ・トレ

なかなかフセできないときは、足の下をくぐらせてみましょう。
自然と腹ばいの姿勢になります。

1 片ひざを立て、フードを使って柴が足の下をくぐるよう誘導します。

2 ごほうびを追って犬が足の下から顔を出そうとします。前足、お腹、後ろ足の全部を床につけられたら「フセ」成功! ほめて、ごほうびを与えましょう。

◆ ハンドサインも試そう

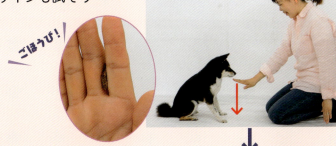

ハンドサインといって、手でコマンドを示す合図を一緒に出していると、言葉でなくサインだけでも指示に従えるようになります。

「フセ」は手のひらを床と平行にかざし、下げていくのがサインです。最初は指の間にごほうびをはさみ、フードで誘導してフセさせてみましょう。

お手入れに役立つ 3つの柴トレ

―― タッチが好きな柴にしよう

　毎日の散歩後のお手入れや歯みがきなどのため、足先やマズルにさわれるようにしておきましょう。「オテ」「タッチ」「オハナ」の3つのトレーニングで、さわられても大丈夫な柴にしつけていきます。

オテ（Hands：ハンズ） ●足先にふれられることにならす練習です。

1　ごほうびをにぎり、鼻先に出す

「オスワリ」をさせ、片手にごほうびをにぎって柴の鼻先に出しましょう。においをかぎ、興味を持ちます。

2　前足を出したら、「オテ」と言う

飼い主さんがこぶしをにぎったままでいると、柴は前足でふれようとします。足が出たら、「オテ」と言いましょう。

3　手にふれたらほめてごほうび

柴の足が飼い主さんの手にふれたら、「イイコ！」とほめて。手の中のごほうびをそのまま与えましょう。

4　手だけで「オテ」できれば成功

1→3を繰り返し、「オテ」できるようになったらごほうびなしで手を出し「オテ」と言ってみます。「オテ」すれば成功！　ほめて、反対の手でごほうびをあげましょう。なれてきたら、前足を軽くにぎる練習もしてみます（→ p.78）。

タッチ（Touch: タッチ） ●人の手にふれること、体にふれられることになれる練習です。

1 ごほうびを鼻先に出す

ごほうびを親指ではさんで隠し、犬の鼻先に近づけて興味を引きましょう。

2 手にタッチしたらごほうび

鼻先が手にふれたらほめて、ごほうびを与えましょう。何度も繰り返し、ごほうびなしでもできるようにします。

3 脇の下をくぐらせてタッチ

手の「タッチ」になれたら、脇の下をくぐらせるように手にふれさせます。最初は体をさわらないようにし、何度か練習します。

4 腕の幅をせまくしていく

くぐるのになれたら、広げている腕の幅を少しずつせまくし楽にふれるくらいのせまさまで練習してみましょう。

オハナ（鼻=Nose: ノーズ） ●口のまわりにふれられることにならす練習です。

1 あごの下にふれる

あごの下に軽く手をそえます。フードで気を引くといいでしょう。あごにふれられることになれてきたら、「オハナ」と言って軽くつかみます。

2 つかむ時間を延ばしていく

できたら、ごほうびを与えます。つかむ時間をだんだん長くし、最終的には「オハナ」でU字型や輪にした手に自分から入れられるようにします。

室内でも楽しめる柴遊び

欲求を満たす遊びがおすすめ

お散歩するだけでなく、室内でも柴犬を遊ばせてあげましょう。猟犬だった柴犬には、「引っぱりっこ（→p.110）」や「モッテコイ（→p.112）」、「ノーズワーク（→p.114）」などがおすすめです。かじる、餌を探すなどの本能的な欲求が満たされ、飼い主さんとの絆も深まります。

おもちゃはかじってもこわれにくく、丈夫で安全なものを選びます。ひとりでかじって遊ぶ時間もつくってあげましょう。

本能を発揮できる遊びをしてあげましょう。

遊び、トレーニングで意識したいこと

すべらない床にする

フローリングは、すべって関節や靭帯を傷める心配があります。コルクやタイルマット、カーペットなどすべりにくい床材の上で遊ばせましょう。

興奮させすぎない

遊びに夢中になりすぎると、かんだり、うなって物に執着したりします。ケガや事故につながったり、近所迷惑にならないよう、こまめに休憩をはさみましょう。

飼い主さんが主導権を握る

柴犬と遊ぶときは、飼い主さんが主導権を握りましょう。遊んでいても、飼い主さんの「ダシテ」のコマンドで口から離させる、「おしまい」のコマンドで遊びを終了するなど、ルールを決めておきます。

安全なおもちゃを選ぶ

柴犬はおもちゃをこわしてしまうことが多いので、丈夫でこわれにくいおもちゃを選びましょう。糸を引き出したり、ロープを裂いて食べる心配もあります。長い糸はなく、ヘチマや木などの天然素材で、食べても害の少ないおもちゃがいいでしょう。

\柴にぴったり/ おすすめ おもちゃ

人と遊べる

一緒に遊ぶことで、信頼感が増し絆も深まります。

「引っぱりっこ」に最高です。途中で投げて、「モッテコイ」をしても。ロープが長いほうが、手をかまれにくく甘がみ対策になります。

手をはめて柴と遊べるパペットは、甘がみ対策にもなるので、ひとつあると便利です。

「モッテコイ」に使えます。ひとりでかじっても遊べます。

ひとりで遊べる

ひとりでカジカジすることで、本能的な欲求を満たせます。

布、ゴム、木など、さまざまな素材のかじれるおもちゃを用意しましょう。かみ心地の違いを楽しめます。

中にフードを仕込めます。においが気になり、フードを出そうと長い時間ひとりで遊べます。

Part 4 絆を深める柴トレーニング 室内でも楽しめる柴遊び

柴遊び 1

引っぱりっこ

猟犬だった柴犬の本能を刺激します。ひも付きおもちゃで、遊んであげましょう。ときどき休憩をはさみ、飼い主さんがテンションをコントロールします。

1 ロープを揺らして誘う

長めのロープのおもちゃを、柴の鼻先に近づけて揺らしてみましょう。興味を示し、においをかいだり、かじろうとします。

2 くわえたらほめ、引っぱる

いいね！

柴がロープをくわえたら、「いいね！」などと言ってほめて。少しロープを引くと、柴も引っぱりはじめます。

3 引っぱりっこを楽しむ

柴が引っぱりはじめたら、飼い主さんが引いたり、犬に引かせたりして遊びます。やりとりを楽しみましょう。

4 覆いかぶさらないように注意

柴が近くに来たら、覆いかぶさらないように上体を後傾させましょう。上からかぶさると、プレッシャーを感じてしまいます。

5 ときどき休憩をはさむ

興奮しすぎないよう、ときどき手を離して休憩をはさみます。うなったりしたら、「タイムアウト」（→p.63）で中断します。

ここに注意　ロープは長めに持つ

ロープを握る手と柴の口が近いと、うっかり歯が当たったり、かまれてしまう心配があります。甘がみがひどい時期は、長めのおもちゃで遊ぶようにしましょう。

柴遊び 2 チョウダイ

柴犬は物をくわえて放さないことがあります。協調性を養い、興奮しすぎの防止にも役立ちます。これができれば、「モッテコイ」も上手にできるでしょう。

1 ごほうびをおもちゃに仕込む

目の前で、おもちゃにフードなどごほうびを仕込みましょう。柴は興味を引かれます。

2 おもちゃを近くに置く

ごほうびを仕込んだおもちゃを、近くに置いたり投げたりしましょう。

3 おもちゃを返してもらう

柴がおもちゃをくわえたら、「チョウダイ」と言いながら返してもらいましょう。

4 ごほうびをあげる

おもちゃを口から放したらごほうびを出し、ほめてごほうびを与えましょう。

5 1〜4を繰り返す

1〜4を繰り返し練習します。だんだんと、渡せばごほうびをもらえるとわかってきます。

6 渡してくれたらほめてごほうび

「チョウダイ」がわかると、柴は飼い主さんの手までおもちゃを運び渡してくれるようになります。

※うまくいかないときは、「ダシテ」(→ p.100) を練習してから行いましょう。

柴遊び 3 モッテコイ

チョウダイ（→p.111）ができるようになったら、教えてみましょう。
マットなどを敷き、床はすべらないようにします。

1 好きなおもちゃを見せる

ボールなど、くわえやすい好きなおもちゃを見せましょう。興味を示さなかったら、獲物のように目の前で動かしてみます。

2 近い場所に転がす

「モッテコイ」と言いながら、近くに転がします。おもちゃをくわえなくても、少しでも追いかけたら「イイコ！」と、ほめましょう。

3 「オイデ」で呼び戻す

くわえたらほめ、「オイデ」「チョウダイ」で戻ってくるよう誘います。戻れたら、ほめてあげましょう。

4 ごほうびを見せる

ごほうびを見せ、おもちゃを放すよう促します。放せたら、ごほうびをあげましょう。放さないときは、ごほうびのグレードを上げます。

5 繰り返し練習し、距離を延ばす

何度か近距離で 1～4 を繰り返すと、「おもちゃを持っていくといいことがある」と思えるようになります。「また投げてもらえる」ことがごほうびになるのでフードなどを毎回与える必要はありません。最初は短い距離で行い、少しずつ距離を延ばしていきましょう。

柴遊び 4

カジカジ

柴犬はかじることが大好きです。さまざまな感触のおもちゃをかじらせてあげましょう。こわれても安全なものを選びます。

1 かじれるおもちゃを与える

好きそうな、かじれるおもちゃを与えます。中にごほうびを仕込めるものがおすすめです。

2 好きにかじらせる

ごほうびのにおいにひかれ、カジカジしはじめます。好きにかじらせてあげましょう。

3 違うおもちゃも与えてみる

最初のおもちゃに飽きたり、中のごほうびを取り出したりしたら、違う感触のかじれるものを与えてみましょう。

4 好きにかじらせる

おもちゃのかみ心地の違いを経験させてあげましょう。最初はにおいをかいだり、なめて遊ぶかもしれません。

Point

おもちゃを「カジカジしていいもの」と認識させるため、かじりだしたらしっかりほめてあげましょう。「ほめてもらえる」とわかってくると、積極的におもちゃをかじってくれるようになり、家具などへのいたずらが軽減します。

いい感じ♡

Part 4 絆を深める柴トレーニング　室内でも楽しめる柴遊び

柴遊び 5

ノーズワーク

フードを隠し、においでかぎ当てて探し出す遊びです。狩猟で獲物を探す本能を発揮でき、欲求が満たされます。10分のノーズワークは、お散歩1時間に匹敵するといわれるほど。心地よく疲れるので、散歩に行けないときにもおすすめです。

ノーズワーク用おもちゃを使って

1 マテさせる

ノーズワーク用おもちゃのひとつが、マットタイプです。ひらひらのついた部分に、フードなどごほうびを隠し、準備できたら「マテ」させます。

2 「スタート！」の合図でにおいをかがせる

「スタート！」「探して！」などの合図でにおいをかがせ、好きに探させます。鼻や足を使ったら、しっかりほめてあげましょう。

3 好きに探させる

嗅覚をフル活用して探し、鼻先やときには足を使ってフードを取り出そうとします。全部見つけたら、たくさんほめてあげましょう。マットはイタズラされる前に片付けます。

Point
ノーズワークは、「マテ」とはじまりの合図、おしまいの合図、片づけをきちんと行うのがポイントです。ルールを作ることでゲーム性が増し、勝手に拾い食いしたりすることがなくなります。

もしマットを振り回したり、かじり出したりしてしまったら、別の遊びになる前にマットを取り上げて中断。少し待って、再び最初からはじめます。

身近なものを使って

紙をビリビリ

1 やわらかい紙にフードを仕込む

紙をピリピリやぶいたり、カサコソする音が大好きな柴にピッタリの紙あそび。好きなだけ紙をやぶったりさせてあげましょう。

新聞紙など、やわらかめの紙にフードを仕込みます。フードを包むように紙を丸め、差し出してみましょう。においにひかれ、かいだり、鼻先と足を使って取り出そうとします。

2 なれてきたら難易度を上げる

ここにいいものがあるよ

紙からフードを出すのになれてきたら、丸めた紙をたくさん入れた紙プールを作って遊びましょう。興味を引きやすいように、紙を目の前で入れてみせます。

3 ホリホリ、ビリビリ好きにさせる

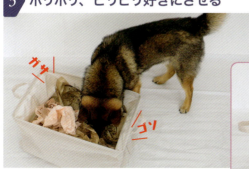

最初はおそるおそるでも、次第になれて紙をホリホリしたり、ビリビリやぶいたりしてフードを探します。ノリが今ひとつのときは、ごほうびのグレードを上げるとよいでしょう。

Part 4 絆を深める柴トレーニング

室内でも楽しめる柴遊び

115

タオルをホリホリ

1 隠すところを見せる

ハンドタオルなど、小さなタオルにフードやフードを仕込んだコングなどを隠すところを見せます。最初はタオル1枚をかぶせて試して。できたら2枚かぶせたりして、少しずつ難易度を上げます。

2 能力をフルに発揮し探す

柴は嗅覚と鼻先、足先を使って探しはじめます。五感も刺激されるので、体力の落ちたシニア犬にもおすすめの遊びです。なれてきたら、別の部屋に置くなどして、探す時間を長くする工夫をし、宝探しのようにして遊ぶのもおすすめです。

ペットボトルをガラゴロ

1 ペットボトルの下にフードを仕込む

ペットボトルをばらまき、その下にフードを仕込みます。柴はペットボトルが予測不能に転がったり、音を立てるのが苦手。最初はこわごわ、遠巻きに眺めるかもしれません。

2 次第になれてフードを探すように

腰が引けたような姿で、最初はこわごわペットボトルを探るかもしれません。だんだんとなれ、顔を突っ込んでフードを取り出すように。見なれないものや光るもの、音などに対する苦手意識も克服できる遊びです。

Part 5

柴犬の "困った" を解決

柴の"困った"が起こる
3つの理由

かんだり、吠えたり、何かに執着して放さなかったり。
柴犬はとてもかわいいものの、
"困った"の声を聞くことも少なくありません。
なぜ困ったことが起こる？　解決策は？
まず理由を知って、柴への理解を深めましょう。

理由1

柴にとっては、それが自然だから

　柴犬は、もともと野生動物であるオオカミに近い犬種です。かんだりかじったり、吠えたりといった行動は本能的な欲求で、柴にとってはごく自然なふるまいです。
　そういった行動が問題視されるのは、概して柴にとって「嫌なこと」が起きたとき。なるべく「嫌」なことに遭わせないよう、子犬のころから工夫してあげるといいでしょう。

柴犬にはかじっても
こわれにくいおもちゃや、壊れても
危なくないおもちゃを与えて。
かじる欲求を満たしてあげましょう。

理由2

欲求が満たされていないから

　かんだり吠えたりするのは、それをしたい本能が十分に満たされていないのが理由のこともあります。人にとって困った行動でも、柴が本能を満たすためにはやむをえないことなのです。
　たとえばおもちゃをカジカジさせたり、吠えそうな場面ではおやつを与えるなど、遊びや代わりのもので欲求を満たしてあげるといいでしょう。満足でき、柴も飼い主さんも平和に過ごせます。

欲求が満たされないと、イライラしてかむことが増えたり、自分のシッポを追いかける常同行動をしたりします。柴が出すサインに気づいてあげましょう。

理由 3

柴はリアクションが大げさだから

　柴犬は、たいていオーバーリアクションです。「得体の知れないものや不安なこと」があると大げさに騒いでみたり、かみついて拒否しようとしたり、そんな姿に驚かされてしまうかもしれません。

　野生の暮らしでは、大げさに表現しないと相手に伝わらないからでしょう。不安材料をとり除いてあげることはもちろんですが、「大げさだなあ」と思っても広い心で受け止めてあげましょう。

感情には素直なんだ

自分のテリトリーが大事なの

困った 1 すぐかんでしまう

かみたくなる「不安」な状況をつくらない

柴犬は、自分にとってこわいことや嫌なことがあると口が出やすい傾向があります。また、「遊ぼうよ」と、かんでくることもありますが、許すと人の手をかむことに抵抗がなくなります。

かむのを防ぐには、こわいこと、嫌なことをなるべくさせないのが第一。ほかに気をそらしたり、好きになってもらえるようにならしたり、かみたい気持ちを起こさせない工夫をします。

ふだんから、かじったり追いかけたりできるおもちゃで遊びの欲求を満たしてあげて。

解決策 1 「苦手なこと」をプラスの印象に変える

ふれられるのがもともと苦手な柴ですから、ブラッシングや爪切り、ハーネスを着けるなどが嫌でかもうとすることがあります。苦手なことをする間は、コングやリックマットを使って「嫌」をうれしい、おいしいといった良いイメージに換えてあげましょう。

爪切りも

爪切りには、コングを利用して。夢中になっている間に、手早くすませます。

ハーネスも

便利なリックマット。ペースト状のフードをマットにぬりつけ、窓などに貼り付ければハーネス装着も楽。

解決策 2 ・ 手をかむときは、おもちゃなどを放す

遊びに夢中になっている間に、つい興奮して飼い主さんの手にかみつくことがあります。おもちゃを持つ手をかんできたら、放してしまいましょう。かんだら楽しい遊びが終わってしまってつまらない、とわかってきます。

かもうとしたら、おもちゃを放します。一時的に中断する「タイムアウト」（→p.63）で落ち着かせます。

解決策 3 ・ ほかの犬が苦手なら、近寄らせない

ほかの犬に気づいたら、相手の犬との間に入り、視界をさえぎれる場所に立ちます。

ほかのワンコに吠えかかってしまう子は、飼い主さんのほうに気をそらして近寄らせないようにするといいでしょう。トラブルは事前に回避します。

名前を呼んで気を引き、ごほうびを与えます。

口輪の練習も

ふだんから、口輪を着ける練習もしておきましょう。口輪の中にペースト状のフードを詰め、自分から口を入れる練習をします。なれてきたら、装着を。動物病院へ行く際などに役立ちます。

困った 2 吠えてしまう

吠えなくてすむよう対策しよう

　柴犬は、なわばりを守る意識が高い犬種です。なわばりに侵入者を察知すると、使命感に燃え吠えてしまうのも仕方ありません。吠えるたびに叱ったとしても、なかなか収まらないでしょう。

　吠えにくいようあらかじめ環境を整えたり、吠えたくなる刺激に少しずつならしたりして、吠えなくてもすむように対策してあげましょう。

「誰か通ると吠える」なら、環境を改善

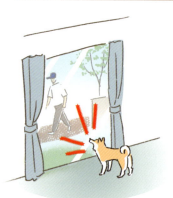

　家の前を誰か通るたびに吠えると、柴も飼い主さんも気が休まりません。犬の目線の位置についたてなど、何かガードするものを置いて外が気にならないようにしてあげましょう。吠えなくてすむよう、目隠しを設けたり、いつも居る場所を移動することで、落ち着いて過ごせます。

心穏やかです

| 解決策 2 | ピンポンで吠えるなら、小さい音からならす |

ドアチャイムで吠えるワンコは、柴に限らず少なくありません。小さい音からならす練習をしてみましょう。

最初はチャイムの音を小さめで聞かせ、吠えなければごほうびを与えます。だんだんと音を大きくし、ならしていきます。ピンポン＝警戒ではなく、「嫌なことは起こらない」と覚えさせましょう。

| 解決策 3 | 音や気配で吠えるときは、カットオフシグナルを教える |

猫の声など音に反応して吠えはじめると、興奮しますます吠えてしまいます。音で吠えても、長引かせないようボール遊びなど別の行動に置き換えてあげてもよいでしょう。

有効なのは、ものごとを中断させるカットオフシグナル（→ p.89）です。サインを出せば、吠えるのをやめるようトレーニングしておきましょう。

吠えたら、「ストップ」など決まった声をかける

やめなければ、柴の正面に立ち繰り返す

吠えやんだら柴の正面からどいてほめる

困った 3 執着が強い

——守らなくても「安心」と思わせよう

　柴犬はなわばり意識が高く、必要以上に場所やものを"守ろう"とする性質があります。たとえばソファからどかそうとすると怒ったり、フードボウルにふれさせないなど、執着が強めです。

　まずは「無理やり取られることはない」と安心させ、信頼関係を築くことが大切です。ここで紹介する解決策を試し、それでも執着が収まらないときは、早めにしつけのプロに相談しましょう。

執着するのは「守らなきゃ」と思うから。安心感を与えることがポイントです。

場所への執着

解決策 1 落ち着ける場所に移動

　クレートやサークルなど、柴の居場所に近づくと攻撃的になるなら、まずはみんなが通らない、落ち着ける場所へ移動させてあげるといいでしょう。掃除をしてあげるときなどは、別の部屋に移動させたり、散歩中など犬がいないときに行います。

落ち着ける場所にしてね

解決策2 ソファなどを占領するなら

➜ 経験させないことが先決

柴がソファに上り、飼い主さんがすわろうとしてもどかないことがあります。一度でも経験すると、同じことを繰り返すようになるので、最初からルールを決めて、上がらせないことを徹底しましょう。

➜ ほかの居場所をつくる

ソファの代わりに、犬用ベッド／ソファを用意するのもいいでしょう。「ここならＯＫ」と、専用の居場所を作ってあげれば柴も落ち着けます。

ソファから下りなければ、最初はその場所にごほうびを投げ入れ誘いましょう。繰り返すうちに「ここにいるといいことがある」と学習し、自分の居場所になっていきます。

➜ 許可制にする

ソファに上っていい場合でも、寝そべっていい場所は決めておきます。上るときには「ヨシ！」と声をかけ、下りるべきときは「オリテ」もしくは「ダウン」などと言えば下りるようトレーニングしましょう。フードで誘導して、飼い主さんが主導権を握ることが重要です。

Point 許可制にした場合、言うことをきかないからとあきらめてしまうと、犬は「言うことをきかなくてもいいんだ！」と学習してしまいます。毅然とした態度を示しましょう。

Part 5 柴犬の"困った"を解決 / 困った❸ 執着が強い

食べものへの執着

解決策1 フードボウルを守るなら

➡ 人の手から与えてみる

フードボウルに近づくとうなるなど、フードを守ってしまうのは、「ボウルを下げられるとゴハンを取り上げられる」という気持ちになるからです。手から与えることで、「人の手は食事を奪う存在ではなく、くれるもの」という認識に変えていきましょう。

1 最初は手のひらにフードを一粒のせ、食べさせます。何度か繰り返しましょう。

ボウルを下げると嫌がるときは
数粒を床などほかの場所に撒き、そちらへ行った間に片づけて。片づける姿は見せないほうがいいでしょう。

2 手のひらからフードを食べられるようになったら、フードをフードボウルに落とします。「2〜3粒ずつ入れては食べさせる」、を繰り返しましょう。その後は、半量ずつくらい分けて入れてあげる、などしてならしていきます。

NG！
フードに執着が強い柴の場合は、こぼれた餌を拾ってあげるなど、食べている途中に手を出したり、食べているのをそばで見ているのはやめましょう。食べ終えるまで放っておきます。

➡ 落ち着ける環境にする

家族の出入りが多い場所などにフードボウルがあると、落ち着いて食べられません。取られないよう攻撃してくる心配があるので、落ち着ける場所に移動させましょう。安心して食べられる環境を確保し、食べている間は放っておきます。

物への執着

解決策 1 くわえて放さないときは、「ダシテ」で物々交換

あらかじめ、口からものを放せるよう「ダシテ」のトレーニング（→p.100）を積んでおきましょう。無理に取ろうとすると、かえって執着が強くなります。フードなどで興味を引き、物々交換します。同じおもちゃを２つ用意しておくのもいいでしょう。

執着しているものは、無理に引っ張って取りあげようとしないほうがいいでしょう。

1 おもちゃなどをくわえて放さないときは、「ダシテ」で物々交換しましょう。

2 魅力的なフードやおもちゃなら、くわえているものを放します。放さないときは、交換するもののグレードを上げます。

3 交換した物に夢中になっている間に、サッと拾ってしまいます。

解決策 2 かじってこわすときは、人が管理する

柴犬は破壊王です。かじってこわしてしまうのは仕方ないので、「こわされて困るもの」は柴がいるエリアにはおかないようにしましょう。

おもちゃは出しっ放しにしておかず、遊ぶとき以外は人が管理します。遊び終わったら「チョウダイ（→p.111）」で柴に持ってきてもらい、しまう習慣にするのが理想です。

困った 4 拾い食いする

落ちていない場所を選んでお散歩しよう

　柴犬にかぎらず、ワンコはとくに子犬のころは何でも口の中に入れたがります。クチャクチャと動かし、「どんなものかな」と確かめるだけで、飲み込んでしまうことはあまりありません。

　ただ、口の中に入れて危ないものも確かにあります。そんなとき、慌てて取り除こうとすると、取られまいと飲み込んでしまうので逆効果です。

　お散歩では、そもそも拾い食いしそうな場所を歩かせないようにしましょう。ワンコに常に注意を払い、くわえたら出させる方法を練習しておきましょう。

ウォーミングアップ　名前でふり向く練習をしておく

　お散歩デビュー前に、「名前を呼んだら飼い主さんを見る」（→p.68）練習をしておきましょう。戸外に出ると気が散るので、お散歩出発前に家の中、また玄関に出たらすぐ練習し、ウォーミングアップしておくのもいいでしょう。呼んでちゃんと見てくれたら、ごほうびを与えます。「呼ばれたときに飼い主さんを見るといいことがある」と、覚えてくれます。

解決策 1　拾い食いしそうなときは足でブロック

1 拾い食いしそうなそぶりがあったら、足でじゃまをします。

2 口にする前に、足でブロックして隠してしまいましょう。

　お散歩中は、柴がどうするかよく見ているようにしましょう。何か落ちていたら、あえてそこを通らずに避けますが、公園の芝生などではふいに拾い食いすることもあります。拾い食いしそうなそぶりを見せたら、先に靴でガードしてしまいましょう。

解決策 2 ・ 拾う前にアイコンタクト

　何か落ちていそうなときは、名前を呼び、フードで飼い主さんのほうに注目させながら歩きましょう。拾いそうなそぶりをするたびに「ダメ」で制止していると、わざとくわえるようになる子もいます。拾う前に、飼い主さんに注意を向けさせることが大切です。

1 飼い主さんに注目するよう、名前を呼びます。

2 飼い主さんのほうを見たら、ほめてごほうびを与えます。

拾い食いしそうなとき、リードを引っ張るとかえって抵抗します。リードが張る前に、呼び戻しましょう。

解決策 3 ・ 落ちてるものより魅力的なもので回避

　拾い食いしたり、しそうになったらフードや音の鳴るおもちゃなど、落ちているものより注意を引くもので意識をそらします。万が一、口に入れてしまったものが木の葉や木くず程度なら、無理に取ろうとせずそのままでもかまいません。

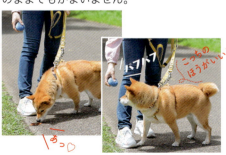

ここに注意　柴はこんなものが好き！

靴下　手袋　木の枝　木くず　乾燥したミミズ　昆虫

困った5 外でないとトイレをしない

――外でするのが柴犬の本能

柴犬はきれい好きです。自分の住み家を汚したくない意識が高く、外で排泄するようになると、ほぼ家でしなくなります。ですが、家でできれば雨や台風の日など助かりますね。根気がいりますが、解決策を試してみましょう。

もよおすと、クンクンとしきりににおいをかぎはじめます。

解決策1 ● 出かける前にすませる

家のトイレは寝場所や食事をするサークルやクレートから離し、落ち着いてできる環境に整えてあげましょう。まだ外でするようになっていないなら、ウンチとオシッコの両方が家の中でできてから散歩に出かけるように徹底します。

それでも、1回でも外で排泄すると、外だけでするようになることが多いものです。成長してからも、トイレトレーニングを繰り返し行ってみましょう。トイレサークルに入れ、「排泄できたらお散歩や遊び」のルールを徹底します。

解決策2 ● 庭やベランダを使う

家の中でも、風呂場や廊下など、いつも犬が過ごしている場所とははっきり区別できる場所にトイレを設置するのもいい方法です。どうしても室内でトイレができない場合は、ベランダや庭、家の軒先などでできるように練習してみるのもいいでしょう。

困っちゃうけど愛おしい
だって、柴だから

◆ マイペースすぎる

何か遊びに夢中になっていたのに、急に"スンッ"と飽きてしまうのが柴。楽しく一緒に引っぱりっこしていたのに、急に飽きて取り残される飼い主さんひとり……。そんな状況になりやすいマイペースっぷりに翻弄されつつ、「そこがいい」とクールな魅力にやられてしまう飼い主さんが続出！

◆ "柴距離"を保たれる

人に快適に感じるパーソナルスペースがあるように、柴にもほどよい距離感があります。飼い主さんに対してもあまり至近に距離を詰めることはなく、微妙な距離感を保ちます。すがすがしいような、ちょっとさみしいような……。

犬に対しても「柴距離」を発揮。なかよしでも、きれいに均等に並びます。

和装が似合う！かわいすぎるのも困りもの!?

Part 5 柴犬の"困った"を解決

困った⑤ 外でないとトイレをしない

Column

しつけ教室を利用しよう

"困った"がエスカレートする前に相談を

　柴犬の"困った"は、放っておくと飼い主さんの手に負えなくなる心配があります。トレーニングがうまくいかないときは、しつけ教室に相談してみましょう。

　教室では、ドッグトレーナーによるカウンセリングが行われます。飼い主さんと柴犬の暮らしぶり、家族構成、悩みの内容などが聞かれ、解決策を探っていくことでしょう。

　ですが、プロにトレーニングしてもらえば、すべて解決するというわけではありません。柴と暮らしていくのは飼い主さんです。改善された習慣を維持することが大切なので、数回トレーニングを継続することもあります。

気軽に試そう

どんなことを相談できる？

- 飼い方の疑問
- トイレのトラブル
- かみぐせ
- ムダ吠え
- 社会性
- 留守番のトラブル
- 引っぱりぐせ
- シニアの生活 etc

どんなプログラムがある？

パピートレーニング

甘がみ防止やトイレ、社会性、お手入れなど子犬のころに身につけたい内容をトレーニング。

訪問トレーニング

飼い主さんの自宅にトレーナーが訪れ、ふだんの暮らしを見ながらトレーニングとアドバイスを受ける。

お預かりトレーニング

犬をトレーナーさんが預かり、ストレスの原因を探り、合ったトレーニングを行う。

グループレッスン

1頭でなく、数頭の犬が一緒にトレーニングを受ける。社会性を身につけるのに適し、お預かりの中で行われることも。

Part 6

柴散歩、お出かけを楽しもう

柴散歩の4つのメリット

猟犬として活躍していた柴犬にとって、戸外で過ごすのはごく自然なことです。本能的な欲求を満足させることができ、飼い主さんにとってもいい運動になります。

散歩に行くと五感をフル稼働させ、家とは違う表情を見せてくれます。

メリット1
生活にメリハリがつく

散歩や外出をすれば、生活にメリハリがつきます。心身が満たされ、精神的に落ち着くこともできるでしょう。

犬はもともと、朝と夕方に活動量が上がる動物です。朝夕の散歩は、体内リズムに合い理にかなっています。

メリット2
絆が深くなる

散歩をすることで、柴犬との絆はいっそう深くなります。柴犬は、「心を許せる人が1人いればいいや」というタイプが多いものです。飼い主さん主導で、楽しいことをたくさん体験させ、こわいことからは守ってあげましょう。「飼い主さんについていれば安心」、「一緒にいると楽しい」と感じられれば、飼い主さんへの信頼感が増していきます。

柴犬は、飼い主さんと走ったり一緒に外で遊ぶのが大好きです。こうした楽しい体験を通じ、絆が深まります。

メリット 3

健康維持につながる

適度な散歩は、筋力低下を防ぎ、健康維持につながります。散歩が足りないと、柴犬は肥満になることが少なくありません。シニアになってからは、認知症の予防にも役立ちます。

柴の散歩時間は？

柴犬は、多めの運動量が必要です。散歩は1日2回、1回40〜50分程度、1日合計90分はしてあげましょう。かけ回るのも大好きなので、ときにはドッグランに行ったり、公園ではロングリードで走らせてあげましょう。

メリット 4

社会性が養われる

散歩は、犬の社会性を育てます。柴は飼い主さんと1対1の関係を好み、ほかの犬や人とあまりなかよくしないこともあります。それでも公園やドッグランに行けば、顔見知りの犬も増え、犬同士の距離間やつきあい方など、ルールを学べます。いろいろな体験をすることで、好ましいマナーも覚えるでしょう。

飼い主さんに犬友ができるように、柴にも柴の友だちができ、一緒に歩くのを楽しむことができます。

飼い主さんにもいいこといっぱい！

犬との散歩は、飼い主さんに新しい世界を見せてくれます。瞬間、瞬間を大切に、柴散歩を楽しみましょう！

- 運動不足を解消
- 地域社会とつながる
- 気分転換できる
- 犬友ができる

お散歩前に準備をしよう

お散歩前にグッズの準備と練習を

お散歩デビュー前に、必要なグッズをそろえておきましょう。散歩をはじめられるのは、「ワクチン接種を終えて2週間経ってから」です。

柴は体に何か着けるのを嫌がるので、ハーネス装着はあらかじめ家で練習しておきましょう。装着しただけで固まってしまうこともあるので、つけた状態で歩く練習もしておいたほうが安心です。

● お散歩グッズをそろえよう

ハーネス
首に負担がかかりにくいハーネスがおすすめ。胴体に着けるので、力が分散され体への負担や不快感を軽減。

首輪
素材は革製、ナイロン製、ロープなどさまざま。指2本が入るぐらい、ゆとりある長さにできるものを選んで。

散歩バッグ
水やマナーポーチなどはバッグにひとまとめに。肩にかけられると、両手があいて便利。

リード
素材は首輪と同様にさまざま。太さは本格的により、10〜20mmほどの幅で1.2〜1.4mほどの長さがおすすめ。

トリーツポーチ
ごほうびを入れるポーチ。必要なときに片手でサッと取り出せるのが◎。

マナーポーチ
排泄物を入れるマナーバッグは、消臭機能のあるポーチに入れて持ち帰るとスマート。

マナーバッグ
排泄物を拾う袋。ビニール袋でもOK。

給水ボトルと器
水を飲ませたり、オシッコしたあとに水をかけて流すための必需品。

ハーネスにならそう

柴は体に何かを密着させるのを嫌がります。自分から着るようにごほうびで誘導したり、ごほうびに夢中になっている間に装着するのがコツ。

うまくいかないときは、ハンドリング（➡ p.76）やタッチ（➡ p.107）の復習を。

1 ハーネスを輪っかにして見せる

おやつなどごほうびを片手で持ちながら、ハーネスの首を通す部分を輪っかにして柴の前に掲げます。ハーネスを持つ手は動かさず、犬が自分から頭を入れるのを待ちます。

2 自分から首を入れるよう誘導

ごほうびがほしくてハーネスに頭を突っ込んだら、そのままごほうびを食べさせながら、ハーネスを装着します。警戒するなら、ごほうびのグレードを上げます。

3 リックマットを活用

ハーネスは、最初はふたりでの練習がおすすめ。ひとりがおやつを与えている間に、もうひとりが装着します。写真のリックマットは、おやつを塗って壁や冷蔵庫に貼り付けられるのでひとりのときにも便利。

137

4 なれたらひとりで

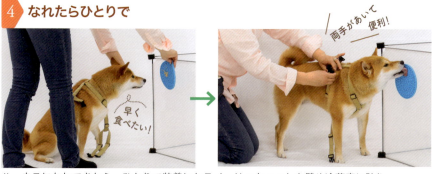

ハーネスになれてきたら、ひとりで装着にトライ。リックマットを壁や冷蔵庫に貼り、夢中でフードをなめている間に、手早くハーネスを装着します。

5 装着したまま楽しく遊ぶ

ハーネスをつけると固まってしまう柴犬も多いです。そんなときは、ハーネスをつけたまま、おもちゃで遊んだり、ごはんを食べさせるなど楽しいことをしましょう。装着している感覚にならしていきます。

リードをつけて歩いてみよう

ハーネスを装着して遊ぶのになれたら、家の中でリードをつけて歩かせてみましょう。最初のうちは少し歩ければ十分です。繰り返し練習を。

◆「オイデ」で呼んでみよう

リードをつけ、「オイデ」と呼んでみましょう。ごほうびで誘導し、近くに来てくれたらごほうびを与えます。何度も繰り返し、ハーネスとリードがついた状態で歩くのにならします。

はじめての お散歩に出かけよう

だんだんと外にならしていこう

子犬にとって、外は未知の世界です。草や道路の感触、におい、車の音など、すべてが刺激にあふれています。

ワクチンを終える前は抱っこで外を体験させ、その間も家ではリードで歩く練習などトレーニングを重ねておきます。散歩デビューするときも、「最初は地面に下ろすだけ」といった具合に少しずつ進めましょう。

戸外ははじめての刺激だらけ。あせらずに、少しずつならしてあげましょう。

散歩デビューの3STEP

STEP 1　抱っこでお散歩

ワクチンを終える前から、抱っこで外デビューしておきましょう。まずは抱っこの練習（→p.60）で、抱っこそのものにならしておくことが大事です。お散歩ルートを歩き、風景やにおい、車などに徐々にならします。ハーネスもつけておきましょう。

走っている車は、子犬にとって十分刺激的です。

子犬を入れるバッグは、両手があけられるリュックタイプがおすすめです。

柴は音に敏感です。最初は駐車場などで、停まっている自転車や車を見せてあげて。

139

STEP 2　公園へ行ってみよう

お散歩デビューは、公園など落ち着ける場所がおすすめ。あらかじめ抱っこで同じ公園に行っておくと、子犬も安心できます。風が穏やかな、好天の日を選んで。悪天候だと、音や風などをこわがって外が苦手になるかもしれません。

抱っこや車で、行ったことのある公園など安全な場所に連れていきます。最初は車から降りないかもしれませんが、あせらずならしていきましょう。

抱っこして、そっと地面に下ろしてみます。はじめての感触に、立ちつくしてしまうこともあります。

下りられたら、ごほうびをあげてみましょう。緊張で食べられないときは無理に食べさせなくてもよいので、しばらくにおいをかいだり、自由にさせます。

STEP 3　家から歩かせてみる

家から歩かせるときは、飼い主さんが先に出て、ごほうびで誘いながら名前を呼んでみましょう。無理にリードを引っぱらず、歩いて出てくるのを待ちます。

柴犬にあるある
お散歩中の悩み

◆"拒否柴"される

「拒否柴」と表現されることもあるように、柴犬はお散歩の途中で突然動かなくなることがあります。「そっちは嫌」「まだ帰りたくない」など、犬なりの理由があるのでしょう。マイペースで頑固なところがあるので、飼い主さんがリードを引っぱっても、頑として動かないことも。

「オイデ」とごほうびで誘導し、歩くよう促しましょう。そのためにも、ふだんから「オイデ」を練習しましょう。

「完全な拒否柴を見つめる黒柴」が、絶妙な柴距離をとっているのも柴ならでは。

◆ほかの飼い主さんに避けられる

「柴犬は吠えるから」と、お散歩中にほかの飼い主さんにスーッと避けられることがあるのも「柴あるある」です。ちょっと残念ですが、あまり気にしないで。

犬は、人の気持ちに敏感です。「吠えるかもしれないから」と落ち込まず、「うちの子は大丈夫」とかまえて、無難にすれ違う成功体験を積んであげましょう。

動きたくないものは動きたくないという、見事な拒否っぷり。まだ遊んでいたい？

◆服がイヤ

服を見たら逃げたり、着せようとすると口が出たり、服が苦手な子は多いもの。楽しい体験になるよう、ごほうびを与えながら着せるのがコツ（→服の着せ方 p.154）。

◆ほかのワンコに叱られる

とくに子犬のうちは、ヒコーキ耳で尾をフリフリしながら先輩犬にちょっかいを出すことがあります。アグレッシブになりすぎ、「ワン！」と怒られてしまうこともあるかもしれません。

あいさつは短めに、あまりしつこくさせないようにしましょう。

柴散歩の基本メソッド

1日2回、計90分は散歩しよう

柴犬は、野山をかけめぐっていた運動量が多い犬種です。肥満予防にも、朝夕の1日2回、トータルで1日90分以上は散歩に出かけましょう。飼い主さんもたくさん歩け、リフレッシュできますし、健康維持につながります。

ドッグランやロングリードで走れる公園などにも、なるべく連れていってあげましょう。

飼い主さんと一緒がうれしくてこの笑顔！

散歩上手になるには……

一緒のペースで歩かせる

散歩は飼い主さんのペースで歩いてもらうのが理想です。デビュー前にハーネスをつけ、リードで歩く練習（→ p.138）をしておきましょう。

通常の散歩で使うのは普通のリードで、伸縮リードは使いません。犬はリードの長さを感覚的に覚えるからです。

時間は決めない

散歩は、毎日時間をずらします。いつも決まった時間だと、その時間になるとソワソワしたり、吠えて催促するようになるからです。いつ行くかわからないほうが、気になって飼い主さんに注目してくれるようになります。

トイレはすませてから行く

柴犬は、ほぼ外で排泄するようになります。ですが、なるべくそのクセをつけないように、トイレはすませてから出かけましょう。家でできれば、雨や暴風雨のときまで散歩しなくてすみ助かります。

排泄後は片づける

オシッコやウンチを外でしたら、オシッコは水をかけて流しましょう。ウンチは、マナーバッグに入れて持ち帰るのがマナーです。よその庭先や生垣では、させないようにします。

ほかの犬とは「素通り」する

ほかの犬と会っても、吠えたり向かっていったりせず、落ち着いてすれ違えるのが理想です。相手を見ても気にせず歩けるなら、そのまま通り過ぎましょう。ほかの犬に気を取られそうなときは、注意を引いてやり過ごしましょう。

ほかの犬を見たら、すれ違う手前で名前を呼んで、注意を自分に引きつけましょう。ごほうびも準備します。

アイコンタクトがとれたら、ほめたり声をかけて注意を引き続けます。

何もなかったようにすれ違えたら、ほめてごほうびをあげましょう。

ごあいさつは用心して

柴同士、ほかの犬種にかかわらず、柴犬にも相性があるようです。飼い主さん同士が声をかけあい、なかよくできそうなら犬同士あいさつさせてもいいでしょう（→p.151）。

でも一方が急に近づいたり、いきなり顔を突き合わせるとケンカになる心配があります。とくにあいさつのはじまりは、油断禁物です。

柴散歩の基礎トレーニング

一緒に歩く練習をさせよう

　戸外が好きな柴にとって、お散歩は体を動かし、あちこちにおいをかいで情報をキャッチする楽しい時間です。自由に歩ける時間も設けますが、飼い主さんの横について歩けるよう、まずは室内でしっかりトレーニングしてヒールポジション（人の横の位置）を覚えさせておきましょう。一緒に歩ければ、ほかの人や犬とのトラブルを防ぎ、車やバイク、自転車との接触から守れます。

柴散歩のプレ・トレ 1

ツイテ（Heel：ヒール）

「ツイテ」のコマンドで、飼い主さんについて歩く練習です。
最初は室内で、ハーネスをつけて練習するといいでしょう。

1 ごほうびで誘導

「ツイテ」と言いながら、ごほうびを見せておいで誘います。ごく近い距離で呼びましょう。

2 すぐ近くに来たらごほうび

すぐ近くに来たら、ほめてごほうびをあげましょう。

ごほうびは必ず体の側面の位置で与えます。

3 ついて歩かせる

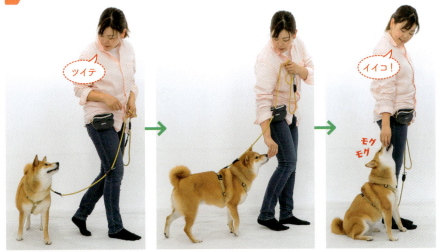

再び「ツイテ」と言いながら、ごほうびで誘導してついてこさせましょう。体の横に来たらほめてごほうびを与え、繰り返し練習します。同じ方向を向いて歩けるようになるのが目標です。体の横にぴったりつけたら、ヒールポジションの完成！

柴散歩のプレ・トレ 2 アイコンタクト（Eye contact）

気が散ってしまいがちな戸外で、飼い主さんに注目することを思い出すためにする練習です。

1 名前を呼んでみる

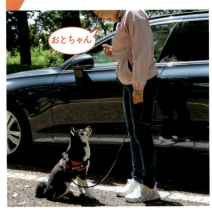

お散歩をはじめる前に、名前を呼んでみましょう。家で「アイコンタクト」（→ p.68）の練習をし、できているのが前提です。

2 できたらごほうび

ちゃんと飼い主さんとアイコンタクトできたら、ごほうびを与えます。飼い主さんを見れば、いいことがあると思い出します。

柴散歩の基礎トレ 1

ツイテ（Heel：ヒール） ヒールウォーク（Heel Walk）

「ヒール (Heel)」は、かかとを意味します。最初は飼い主さんの横につく、ヒールポジションを練習します。できるようになったら、そのポジションで歩いてみましょう。

1 ヒールポジションを練習

飼い主さんの体の横側＝ヒールポジションに来させるよう、ごほうびで誘います。体の横につけたら、ごほうびを与えましょう。「この場所に来るといいことがある」、と覚えるよう繰り返し練習しましょう。

2 横につかせ歩かせてみる

ヒールポジションにつけるようになったら、そのポジションのまま歩いてみましょう。リードは、少したるませたままにします。リードを引っぱると、犬も負けじと引っぱるからです。

3 名前を呼んでみる

少し歩いたら、名前を呼んでみましょう。飼い主さんを見上げたら、ほめてあげて。そのまま止まらず、歩き続けながらごほうびを与えましょう。

4 再び横につかせて歩く

ごほうびを与えたら、横につかせたままのポジションで歩きましょう。横について歩けたら、「上手！ 上手！」など、声をかけてほめてあげて。止まらずに、歩き続けるのがポイントです。

5 名前を呼び、ごほうびを繰り返す

再び名前を呼び、柴が飼い主さんを見たらごほうびを与えます。「横にいて、飼い主さんに注目したらまたもらえる」と、柴は飼い主さんに注目しつつ歩けるようになります。だんだん、ごほうびなしでできるようになります。

リードは引っぱらずに持とう

リードは、Jの字のようなカーブを描くように持ちましょう。飼い主さんが引っぱるように持つと、柴も引っぱってしまいます。常にたるみをもたせるのが理想です。

にぎり方

1 リードの端の輪に手を通しますが、そのままにぎらないで。

2 たるみを作ってからにぎり、できた輪が親指側、長いほうが小指側から出る状態にしましょう。こうすると、とっさのとき手前に引いたり、伸ばしやすくなります。

柴散歩の基礎トレ 2

マテ（Stay: ステイ）

急に道路に飛び出しそうになったときなど、とっさに止めることができる「命を守るコマンド」です。家でできるようになったら、外でも練習してみましょう。

1 向かい合い「マテ」を指示

向かい合って「オスワリ」させ、「マテ」と言いながら手のひらで犬の視線をさえぎります。ハンドサインも見せると、コマンドと結びついていきます。

2 「マテ」のまま、後ろに下がる

「マテ」させたまま、後ろに下がりましょう。最初はごく近い距離、短い時間で十分です。

3 失敗する前に戻る

犬が動き出す前に戻り、ごほうびを与えましょう。失敗させず、楽しい思いをさせるのがポイントです。

4 リード分離れ、待たせる

1〜3を何度か繰り返し、なれてきたらリードの分だけ離れます。しばらく「マテ」できたら、戻ってごほうびを与えましょう。

5 ステップアップしてみる

リードの分、離れても待てるようになったら、練習をステップアップ。フセ（→ p.104）をさせ、離れてから、犬のまわりを歩いてみます。

6 後ろにまわりこむ

ゆっくりと、犬の後ろのほうに歩き続けましょう。「マテ」が理解できていれば、柴は待っていられます。

7 動きそうなら「マテ」を指示

柴は不安になって振り向いたり、リードが引っかかり動いてしまうかもしれません。「マテ」を再び言って制止させましょう。その場にいられれば、向きを変えても問題ありません。

8 「マテ」のまま元の位置へ戻る

「マテ」ができていたら、もとの位置まで戻りましょう。途中で動き出しそうになったら、動かないでいられる手前までを再び練習します。

9 ずっと「マテ」できたらごほうび

飼い主さんがまわりを歩く間、まわりに気をとられず集中して待てれば成功です。最後に「ヨシ」と解除の合図をし、来たらごほうびを与えましょう。上手になってきたらロングリードなどを使って距離を延ばして練習するのもよいでしょう。

公園・ドッグランへ行ってみよう

走れるチャンスをつくろう

公園やドッグランがあれば、ぜひ行ってみましょう。散歩は基本的に横につかせて歩きますが、ずっとそのままの必要はありません。犬は歩きながらにおいをかぎ、情報収集します。公園など安全なエリアなら、自由に歩かせメリハリをつけてあげましょう。

また、ほかの人に迷惑がかからない場所なら、ロングリードで走らせてあげるといいでしょう。狩猟本能を満たし、運動不足も解消できます。

で柴散歩

まわりを見て、安全に散歩しよう

柴犬はマイペースで、あまりほかの犬や人と積極的にかかわるタイプではありません。でも、子犬のころは興味津々で、グイグイほかの犬や人のところへ行ってしまうこともあります。あまりしつこくならないよう、飼い主さんがコントロールしましょう。

犬は全般に、急な動きが苦手。誰かが飛び出してくると、驚いて吠えかかったり、かんでしまうことも。ロングリードを使うときは、まわりに気を配り、犬をコントロールできる長さで遊びましょう。

走るのが楽しい！　自然の豊かな環境で自由にできると、柴犬は生き生きとした表情になります。

チェック！　公園での基本マナー

- ☐ リードをはずさない
- ☐ オシッコしたら水をかける
- ☐ ウンチは持ち帰る
- ☐ 砂場や花壇で遊ばせない
- ☐ ブラッシングしない

「さわっていいですか？」と聞かれたら

子犬はかわいくて、ふれたがる人もいるかもしれません。はじめての人にさわられるのは苦手なことが多いので、「おやつをあげてもらっていいですか？」とお願いし、与えてもらうといいでしょう。犬が嫌がっていたら断ってかまいません。

ほかの犬とのかかわり方

柴犬はなかよくなれれば一緒に遊んだりもしますが、ほかの犬が苦手なこともあります。はじめての犬には、不用意に近づけないようにしましょう。興味がないようなら、そのまますれ違います（→p.143）。あいさつしたがるなら飼い主さん同士で声をかけあい、おたがい大丈夫か確認して。あいさつできても、短めにすましましょう。

柴もなかよし同士は、一緒に歩くのを楽しみます。

あいさつはゆっくりと

ゆっくり近づける

犬たちは、肛門腺から出る分泌物のにおいでおたがいの情報を交換します。急に行かないようリードでコントロールしながら、ゆっくり近づけましょう。

おしりのにおいをかぎあう

最初はおたがい軽くかぎあったら、一方がおしりのにおいをかぎます。次はもう片方がかぎますが、一方がかがせたがらなければ無理はしないで。

対面させるのはケンカのもと

急に顔をつき合わせると、ケンカに発展する心配があります。なかよくなれそうと思っても、近づくと急に吠えかかることも。近づけるときは正面を避け、ゆっくり遠まわりしながら近づけましょう。

ドッグランで遊ぼう

下見してからデビューしよう

ドッグランは、リードなしで犬が遊べる専用エリアです。デビューは最低限、「オイデ」、「マテ」、「ストップ」などのしつけができてからにします。

ドッグランにはいろいろな犬が来るので、下見すると安心です。できれば、よく来る人や犬と知り合ってからデビューするとよいでしょう。

なかよしの犬がいれば、安心して見守れます。
一緒に走ったり、マイペースに過ごす時間を楽しみます。

行く前の準備をしよう

ドッグランでは、いろいろな犬が交流します。ワクチンや投薬がまだなら、すませてから行くのがルールです。感染症予防に努めることで、うちの子もほかの犬も守れます。

チェック！
- [ ] ワクチン接種証明書を持った？
- [ ] ノミ・マダニ予防はした？
- [ ] 今月のフィラリア予防薬を飲ませた？
- [ ] 排泄物処理の準備はした？

ここに注意 こんなときは利用を控えて

発情期
発情期（ヒート中）のメスが行くと、オスが反応してトラブルのもとになります。出血がはじまってから、約1カ月は行くのを控えましょう。不妊手術がすんでいれば大丈夫です。

体調が悪い
鼻水が出ていたり、お腹をこわすなど体調が悪いときは感染性の病気の心配があります。ほかの犬への感染を予防しましょう。

好戦的な子
ほかの犬をかむなど、好戦的な子は利用を控えましょう。飼い主さんがコントロールできないのであれば、しつけ教室に早めに相談してみましょう。

＼ デビューまでのSTEPS ／

STEP 1 下見をする

利用したいドッグランに下見に行きましょう。ドッグランの周囲をまわり、ほかの犬がいたら金網越しにあいさつさせます。ほかの飼い主さんや、犬と顔見知りになっておくといいでしょう。

STEP 2 中の犬が少ない時間帯に行く

下見で場所になれたら、最初はほかの犬が少ない時間を選んで訪れましょう。やはり金網越しにほかの犬とあいさつさせ、大丈夫だったら入ってみます。

STEP 3 リードをして入場

入り口の柵は、犬が逃げないようたいてい二重になっています。入ったらまず外柵を閉め、ほかの犬が逃げないよう注意を払います。最初はリードをしたまま、ほかの犬がいない場所を歩かせならしましょう。

リードをして、ゆっくりドッグランを歩きます。ほかの犬が来たら、あいさつさせましょう。

STEP 4 あいさつして観察

先に来ている飼い主さんにあいさつし、ほかの犬から離れた場所でリードを外します。なかよくできそうか観察しましょう。

STEP 5 自由に遊ばせる

目を離さず、こわがったり、相手にしつこくしたらすぐに呼び戻しましょう。最初は、自由に遊ばせるのは10分程度で十分です。次回も2〜4の段階を踏み、徐々に時間を延ばしていきましょう。

気が合うと、あいさつしてから一緒に走って遊んだりします。

ルールを確認しよう

ドッグランは犬の大きさでエリアを分けていたり、共用エリアがあったりします。適したエリアにいるか確認しましょう。専用のトイレがある場所もあります。おもちゃの持ち込みは、取りあいになるのでNGのことがほとんど。OKの場合も、ほかの犬のおもちゃを横取りしたときは、きれいにふいて飼い主さんに返しましょう。

Part 6 柴散歩、お出かけを楽しもう ／ 公園・ドッグランへ行ってみよう

雨の散歩の大定番

オシッコ、ウンチは外！になりがちな柴は雨の日もお散歩。服が苦手な子は、着せやすい足が出るレインウエアで。

so cute!

柴の
お散歩ファッション

柴はバンダナも似合う

服がダメな子は、ワンポイントでバンダナを巻いても。赤や和柄がよく似合う！

服の着せ方

柴は服が苦手なことが多いので、嫌いにならないようフードで誘導しながら着せましょう。でも、どうしても嫌がるなら、無理して着せなくてもいいのです。

1 あらかじめ服を輪っか状にしておきます。輪っか越しにごほうびを見せ、自分から顔を入れるよう誘いましょう。

Part 6 柴散歩、お出かけを楽しもう

柴のお散歩ファッション

汚れ防止に

ツナギのウエアは、服を
それほど嫌がらない柴におすすめ。
多少の泥汚れも気にせず遊べそう。

よっ、お祭り柴！

お祭りにはコレで。
柴は豆絞りもハッピもよく似合う。
大ウケ間違いなし。

正装二人柴

どんな行事にも
連れていけそうなりりしさ。
着物姿はお正月もおすすめ。

防寒ばっちり

「冬の雪山キャンプはこれで」、
と飼い主さん。
ツナギにダウンで防寒万全！

2 輪っかに顔を入れたら、そのまま
服を首まで下ろします。嫌がらな
いよう、ごほうびを与え続けて。

3 フードを入れたコングなどを人の足で
押さえ、気を引きます。柴が気を取ら
れている間に、足を通しましょう。

※うまくいかないときは、「オテ」（→ p.106）「タッチ」（→ p.107）を練習してから行いましょう。

外遊びで本能を刺激しよう

さまざまな外遊びを試そう

柴犬は、外でたくさん走らせてあげるといいでしょう。狩猟で活躍していた犬種だけに、自然の中で物を追いかけたり、探したりするのが大好きです。本能的な欲求が満たされ、飼い主さんとの絆も深まります。

遊ぶときはロングリードにチェンジ。広い芝生をたくさん走らせてあげられます。

ボール遊びをしよう

1 ボールを見せて「オスワリ」

ボール遊びのときはロングリードにします。お気に入りのボールを見せたら、まずは「オスワリ」を。

2 最初は近くに投げる

「モッテコイ」とコマンドを出しボールを投げます。最初は近くに投げるのがいいでしょう。

3 取ってきたらごほうび

「モッテコイ」できたら、ほめてごほうびをあげましょう。いっそうやる気が出ます。

4 なれてきたら遠投してもOK

2人いれば、もう1人にリードを持ってもらうといいでしょう。遠くに投げられ、もっと走らせてあげられます。

※まずは室内で「モッテコイ」(→p.112)を教えておくと、スムーズです。

宝探し をしてみよう

1 好きなおもちゃを見せる

好きなおもちゃを見せ、においをかがせます。反応が鈍ければ、フードを仕込んだおもちゃにするといいでしょう。

2 おもちゃを隠す

「マテ」させている間に、おもちゃを隠します。最初は草の上に落とすぐらいでいいでしょう。

3 探させる

「ヨシ」でおもちゃを探させます。見つけたら、ほめてあげましょう。ルールがわかってきたら、少しずつ難しくしていくと長く楽しめます。

車の乗せ方・降ろし方

乗

車に積んだクレートにフードを投げ入れ、自分で入るようにならします。家の中で「ハウス」（→p.69）の練習をしておくと◎。

↓

入るのになれたら、扉を閉めて前を向け、シートベルトで固定します。

降

到着したとき、テンションが高く騒ぐようならクレートから出しません。落ち着いてから出して、車から降ろしてあげます。

Part 6 柴散歩、お出かけを楽しもう｜外遊びで本能を刺激しよう

散歩後のボディケア ふれるのにならし、毎日ケアしよう

お散歩から帰ったら、体や足をふくのを習慣にしましょう。柴犬は定期的なカットや頻繁なシャンプーは必要ないですが、毎日さっと手入れすることで清潔を保てます。

子犬のころから、ハンドリング（→p.76）やプレ・トレーニング（→p.78）で体にふれられることにならしておきましょう。ボディタッチ嫌いな柴でも、お手入れさせてくれるようになります。

1 抵抗されにくい背中からふくといいでしょう。

2 胸側も汚れをふきとります。

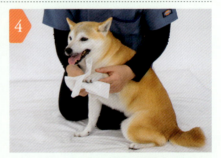

3 後ろ足からふきます。外側に開いたりせず、自然な角度で持ってあげて。

4 さわられるのが苦手な前足は最後にふきます。

ふかせてくれなければ

どうしても足をふかせてくれなければ、タオルを敷いた上を歩かせましょう。おもちゃやごほうびで誘導し、濡れタオルの上を歩かせます。

ドッグカフェで柴とくつろぐ

柴も一緒にカフェタイム

「マテ」、「オスワリ」、「フセ」の基本のしつけができたら、ドッグカフェを訪れることもできます。犬とはテラス席のみ一緒に利用できる店が多いですが、中には室内に入れる店もあります。

カフェでは、迷惑にならないようフセさせておきます。ほかの犬を気にするときは、飼い主さんに聞いてからあいさつさせるといいでしょう。

テーブルから食べさせる習慣をつけなければ、カフェでも落ち着いていられる柴になります。

カフェでの過ごし方

入店前に排泄をすませます。マーキングの心配がある柴は、マナーベルトやマナーパンツがあると安心です。

店内では、テーブル下でフセさせておきましょう。なれたマットや、ひとりで長く遊べるコングなど持参すると便利です。

犬用メニューを与えるときは、できるだけ小さくして少しずつ与えます。繰り返すうちに「またもらえる」とわかり、落ち着いて過ごせるようになります。

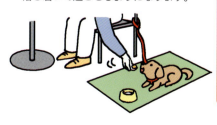

マットステイを練習

「マット」と言いながらマットにごほうびを落とします。

合図でマットの上に来られるようになったら、フセさせます。マットの上にいる間はごほうびを。次第に「マットにいればいいことがある」と覚えます。

Column

お泊り旅行に挑戦しよう

しつけができたら、近場から

　基本のしつけができたら、柴とお泊り旅行にも挑戦してみましょう。コマンドに従い、落ち着いていられるようになったら出かけられます。

　犬と泊まれる宿は、ホテルやペンション、温泉旅館など選択肢が増えてきました。気兼ねなく過ごせる一棟貸しの宿を家族や犬友と借り切るのもおすすめです。

飼い主さんへの信頼感が増す旅になるよう、楽しい思いをたくさんさせてあげましょう。

予約前に確認
- ☐ 泊まれる犬種は？
- ☐ 同室で泊まれる？
- ☐ 食事は一緒？　別？
- ☐ 犬用アメニティは？
- ☐ ドッグランは？
- ☐ 宿泊のための条件は？

持参したいもの
- ☐ ワクチン接種証明
- ☐ いつもの散歩セット
- ☐ フードとフード容器
- ☐ ペットシーツ
- ☐ お気に入りのおもちゃ
- ☐ 消臭スプレー
- ☐ 使いなれたベッド・クレート

事前の準備

予防接種
旅行前に、狂犬病と混合ワクチンはすませて。接種証明の提示を求める宿がほとんどです。

清潔にする
出発前に、シャンプーかドライシャンプーできれいにしておきましょう。

体調をチェック
柴の調子が悪いときは、無理せず旅行は延期を。なれない旅先で悪化したり、ほかの犬にうつすのも心配！

旅先のマナー

●**部屋以外ではリードを**
ロビーや廊下など、部屋以外では必ずリードをつけて。エレベーターでは抱っこを。

●**ベッド、ふとんにはあげない**
宿のベッドやふとん、ソファにはあげないのがマナー。自分のベッドかクレートがあると落ち着けます。

●**チェックアウト前にお片づけ**
粘着テープで抜け毛を軽く取り、トイレシートを片づけるのはマナーです。換気し、消臭スプレーを噴霧して。

Part 7

健康を守る 毎日の柴ごはん

健康を育む
柴ごはんの3原則

毎日、栄養バランスのいい食事を与えて、柴犬を健康に育てましょう。
知っておきたい、柴ごはんの3原則です。

食欲にムラがある柴は、おもちゃにフードを仕込んで遊びながら食べてもいいのです。

原則 1
"総合栄養食"が毎日の柴ごはん

　柴犬の健康を保つには、栄養バランスの整った総合栄養食のドッグフードを与えるのが基本です。犬はそもそも、動物性と植物性食物の両方を食べる雑食性です。でも、肉類は脂質が多いと消化不良になり、野菜は与えすぎると食物繊維を消化できず下痢します。人とは違う点に注意して与えましょう。

原則 2
人の食べ物は与えない

　人の食べ物は、犬には与えないようにしましょう。犬にとっては塩分過多になります。また、犬が食べると中毒症状を起こす食品もあります。タマネギ、ネギ、ブドウ、マカデミアナッツ、チョコレートなどは絶対ダメ！ うっかり入った料理を食べると、命にかかわることもあります。

ずっとかぎたい

フードのにおいに本能が刺激され、ついついかじってしまいます。

原則 3

5大栄養素と水は必須

犬の体には、タンパク質、脂質、炭水化物、ビタミン、ミネラルの5大栄養素が必要です。水も生命維持に欠かせません。

人も5大栄養素が必要ですが、犬とは必要量が違います。タンパク質は犬は人の2倍、カルシウムは14倍、リンは5倍が必要といわれています。

炭水化物
**おもな
エネルギー源**

炭水化物に含まれる糖質は体のおもなエネルギー源。食物繊維も含まれ、便通を整える働きがあります。糖質は摂りすぎると肥満を招き、食物繊維は下痢になる心配もあるので注意が必要です。

タンパク質
**筋肉、血液、内臓、皮膚、
被毛を作る**

タンパク質が足りないと、筋肉が落ちたり、皮膚や被毛トラブル、貧血が起きる心配が。犬には高タンパクフードが向いています。

脂質
**効率的なエネルギー源
細胞膜やホルモンの
材料にもなる**

犬が効率的に動くエネルギー源。適度な脂質は脂肪になって体温を保ち、内臓を守るのにも役立ちます。不足すると、皮膚トラブルの原因に。逆に、摂りすぎは肥満のもとです。

ビタミン
**ほかの栄養素の
代謝を助ける**

ビタミンAは皮膚や粘膜を正常に保ち、Dは骨密度を増やします。Eは抗酸化作用があるなど、それぞれ体に欠かせません。

ミネラル
**骨や歯を作り、
脂質の代謝を助ける**

カルシウムやマグネシウム、鉄、亜鉛などのミネラル。骨を作ったり、代謝を助けるなど個々に重要な役割があります。

水
**犬の体の
60〜70％は水分**

飲まずにいると、体温調節や消化・吸収機能に異変をきたします。脱水症になると命にかかわる心配もあるので、常に新鮮な水を飲めるようにしてあげることが大切です。

柴犬に合うフードの選び方

ドッグフードは「総合栄養食」を選ぼう

　柴の食事には、必要な栄養素をバランスよく含む「総合栄養食」のドッグフードが最適です。ドッグフードと水さえ与えていれば、必要な栄養素が摂れる配合で作られています。

　「間食」とされるものは、限られた量を与えるもので主食向きではありません。おかずタイプは嗜好性が高く、食欲増進のためのものです。「総合栄養食」にかけて食べさせましょう。

1 主食はドライタイプを

　主食には、ドライタイプがおすすめです。保存しやすく価格が手ごろ。ごほうびに使ったり、災害時などの持ち運びにも便利です。歯石がつきにくいメリットもあります。

　ウエットタイプはやわらかく、嗜好性も高いのでシニア向き。水分が摂れ、添加物が少ないのが利点です。ドライタイプと併用してもいいでしょう。

◆ 病犬やシニアに

小分けされた、ペースト状の総合栄養食もあります。嗜好性が高く、病気で食欲がないときやシニア犬におすすめです。リックマットにぬり、しつけに利用する使い方も。携帯性にすぐれています。

主食はこれ

ドライタイプ
水分含有量が10%以下の固形フード。栄養が凝縮され、ウエットタイプほど量を与えなくても必要な栄養素を摂取可能。

シニア犬に

ウエットタイプ
水分含有量70%以上で、缶詰やレトルトパック入り。栄養分の量が少ないので、必要摂取量を満たすには大量に与える必要が。

2 ライフステージで選ぼう

育ち盛りの子犬のころは高カロリーが必要ですが、成長につれ必要カロリーは減ってきます。総合栄養食のフードにはパピー用（幼犬）、成犬用、シニア用など成長段階ごとのものがあるので、成長に合わせて変えてあげましょう。

3 機能性で選ぼう

個々の体質に合わせた、機能性ドッグフードもあります。基本的にはライフステージごとの総合栄養食を与えますが、犬の状態に合っていれば機能性ドッグフードを与えてみるのもいいでしょう。

◆ 避妊・去勢手術後

高タンパクで低カロリー、食物繊維が多く、腹持ちがいいなど体重に配慮したフード。手術後は活動量が落ちたり、食欲が増し太ることがあるからです。

◆ 体重管理

低脂肪、低カロリーの肥満ケア用フード。筋肉を減らさないよう適度なタンパク質量を維持しつつ、満腹感を満たすよう作られています。

◆ アレルギーケア

アレルギーと診断されたり、食事後にかゆがるアレルギーが心配な犬用のフード。アレルギーが起きにくい魚やラム肉のものや、グレインフリー（穀物不使用）のフードなどがあります。

◆ 皮膚・被毛ケア

皮膚や被毛の健康に配慮したフード。皮膚や被毛につやを与える必須脂肪酸のオメガ6脂肪酸や、オメガ3脂肪酸などを配合したものがあります。

柴はアレルギーが多め？

柴犬は、アレルギー性皮膚炎が比較的多めです。原因が鶏肉や牛肉などの場合は、豚肉や魚などタンパク質を変えてみるのもいいでしょう。アレルギー反応を起こしにくくした加水分解フードもありますので、獣医師に相談しましょう。

4 原材料・成分を確認しよう

ドッグフードの原材料表示には、添加物を含む使用食材すべてが配合量順に記されています。主原料となる1〜3番目ぐらいまでに、タンパク源である肉や魚が書かれたフードがおすすめ。添加物は少ないほうが安心です。

栄養バランスは成分表示で確認します。タンパク質、脂質、繊維質、水分、灰分（ミネラル）は表示義務があり、何%含有しているかがわかります。

● 原材料・成分表示のここをチェック！

1〜3番目にタンパク源の名前が記されている？

原材料名：チキン&サーモン56%（チキン生肉21%、生サーモン12%、乾燥チキン12%、乾燥サーモン7%、チキングレイビー2%、サーモンオイル2%）、サツマイモ、エンドウ豆、レンズ豆、ひよこ豆、ビール酵母、アルファルファ、ココナッツオイル、バナナ、リンゴ、海藻、クランベリー、カボチャ、カモミール、マリーゴールド、セイヨウタンポポ、トマト、ショウガ、アスパラガス、パパイヤ、グルコサミン、メチルスルフォニルメタン(MSM)、コンドロイチン、ミネラル類（亜鉛、鉄、マンガン、ヨウ素）、ビタミン類(A、D3、E)、乳酸菌

タンパク質の割合は？
繊維は？
ミネラルは？

成分：エネルギー (100gあたり) 363kcal	
タンパク質‥‥‥27%以上	脂質‥‥‥‥10%以上
粗繊維‥‥‥‥4.75%以下	灰分‥‥‥‥9%以下
水分‥‥‥‥‥9%以下	NFE‥‥‥‥39%
オメガ3脂肪酸‥‥1.18%	オメガ6脂肪酸‥1.63%
リン‥‥‥‥‥1.06%	カルシウム‥‥1.40%

◆ フードの保存法

ドライフードは酸化に注意

開封後は、空気にふれると酸化が進みます。小分けにして密閉容器に移し、除湿剤を一緒に入れ保管しましょう。直射日光が当たらず、高温多湿でない場所に置きます。1カ月ほどで食べきれる量の購入を。

ウエットタイプはすぐ使い切って

開封したらカビや細菌が繁殖しやすいので、なるべく早く使い切りましょう。余ったら冷蔵庫に入れ、翌日までには使い切ります。

おいしいごはんプリーズ

ここに注意

「無添加」＝完全無添加じゃない

多くのドッグフードには、添加物が含まれています。オメガ3や6脂肪酸、ビタミン類など健康のためのものもありますが、保存料や着色料、食いつきをよくする香料も使われています。

このうち、どれか1種でも使っていなければ「無添加」と記載できるので、「無添加」＝完全無添加とは限りません。必ず原材料表示を確認しましょう。

おやつはしつけのごほうびに

「総合栄養食」のドッグフードを適量食べていれば、おやつはとくに与える必要のないものです。ですが、トレーニングに利用すると、柴はしつけがスムーズに運びます。一緒に遊ぶときに与えれば、楽しさもアップします。ただし、肥満にならないよう与えすぎには注意しましょう。

ジャーキー・アキレス腱
かみごたえのあるおやつの定番。ササミ、馬肉、鹿肉など種類も豊富！

犬用チーズ
しつけで与えやすいサイズ感。人用は塩分が濃いので犬に与えてはダメ。

犬用クッキー
食物繊維が多いおからやかぼちゃ、アレルギーを起こしにくい米粉のクッキーなど種類豊富。

蒸しササミ
手づくりできるが、レトルトの市販品も。ごほうびのグレードを上げたいときに、ちぎって与えて。

骨型ガム
少しずつかじるので、ケージやハウスのしつけ、留守番に使える。

スペシャルなごほうびを作る

トレーニングが進まないときに、おやつのグレードを上げるとうまくできることがあります。柴が大好きな「スペシャルなごほうび」を探しておき、しつけの切り札に使いましょう。

ライフステージごとの フード選び

成長に合ったフードを与えよう

高カロリーが必要な成長期の子犬、体が充実する成犬、活動量が減るシニア犬では、必要な栄養素の量やバランスが変わってきます。毎日の柴ごはんは、ライフステージに適したものを与えましょう。量と回数も、年齢に合わせ変えていきます。

0〜3カ月

▶1日4〜5回

生後4〜5週目ぐらいまでは母乳を飲み、以降が離乳期になります。体の基礎をつくる時期なので、高カロリーで消化しやすい子犬用ドッグフードを選びましょう。犬用ミルクやぬるま湯でふやかし与えます。

4カ月〜1歳半

▶1日3回 ➡ 1日2〜3回

4〜6カ月になると永久歯に生え変わります。子犬用フードを、ふやかさずカリカリのまま与えましょう。

6カ月ごろから、1日2〜3回にします。10カ月ごろからは成犬用フードに少しずつならしましょう。

1歳半～6歳

▶ 1日2回

1歳半を過ぎたら、完全に成犬用フードに切り替えましょう。子犬用フードをいつまでも食べさせていると、高カロリーなため肥満になる心配があるからです。

1～1歳半ごろの体重が、適正体重の目安になります。

7歳以上

▶ 1日2～3回

シニア犬になると活動量が減り、内臓機能も衰えてきます。消化がよく、効率よく栄養を吸収できる高タンパク、低カロリーのシニア向けフードを選んであげましょう。

回数は1日2回でいいですが、高血糖や肥満予防に1回の食事量を減らし、1日3回にしてもいいでしょう。

合ったごはんくださいね

Point 柴犬に適したフードの量は？

メーカーや種類ごとに、100gあたりのカロリーは違います。与える量は、パッケージに記載された体重ごとの目安量を参考にするといいでしょう。

適正体重は、1～1歳半頃の重さが目安になります。体重を定期的に量り、増えるならフードの量が多く、減るなら少ないと考えて調節しましょう。

柴ごはんの与え方の基本

―― 先に準備しておくとスムーズ

　食事の時間は、柴にとって重要なお楽しみタイムです。中にはごはんの準備が待てなくて、飼い主さんにとびついたり、騒いだりする柴もいます。なかなか「オスワリ」で落ち着かなければ、あらかじめ準備しておくといいでしょう。

　計量など準備をする間、コングなどで注意をそらします。そのほうが、飼い主さんもあわてずに用意でき、柴もじらされずにごはんタイムを迎えられます。

1　コングなどで気をそらす

ごはんタイムが待ちきれず騒いでしまう場合は、先にフードを仕込んだおもちゃやコングを渡して気をそらします。

2　夢中になっている間に準備

柴が夢中になっている間に、フードの計量など準備をします。

3　とびついてきたら「オスワリ」

準備できたら、フードを持って行きます。必ずしも「オスワリ」させる必要はないですが、とびついてきたら「オスワリ」で一度落ち着かせましょう。

4　「オスワリ」したら、すぐ与える

オスワリできたら、すぐに食べさせてあげましょう。騒がずにいられるなら、とくに待たせる必要はないのです。

柴ごはんのルール

◆ 与える時間を決めない

ごはんは、1時間ぐらいの幅をもたせて与えるようにしましょう。いつも決まった時間だと、吠えて催促するようになることがあるからです。

◆ 要求されてもあげない

「ごはんがほしい」と吠えて要求されても、与えないようにしましょう。要求に応えると、それがクセになります。与えるのは、落ち着いてからです。

◆ 決まった場所で食べさせる

ごはんは、いつも決まった場所で食べさせましょう。柴はきれい好きです。トイレから離れた、落ち着ける場所に決めておきましょう。

◆ 食べ残しはすぐに片づける

残したごはんは、一定時間が経ったら片づけてしまいましょう。いつまでも出したままだと、「いつでも食べられる」と思って食べムラがクセになります。

◆ 静かな場所で与える

柴は「守る」意識が強いので、食べているときに近づくと不安になります。余計な心配をさせないよう、ひとりで落ち着ける静かな場所で与えましょう。

少食柴と食いしん坊柴の ごはん対策

── その子に合った工夫をしよう

柴犬の中には、フードボウルにごはんを入れてもらっても興味を持たない少食柴や偏食柴がいます。

一方で、「フードアグレッシブ」といって食への執着が強く、食べ物を見ると目の色が変わったり、攻撃的になってしまう柴も。その子の食の傾向に合った与え方をしてあげましょう。

ごはんは、必ずしもフードボウルで与える必要はありません。その子に合った食べさせ方をすればいいのです。

少食柴には

フードボウルに入れてごはんを食べさせるのは人間の都合で、もともと柴は食べ物を自力で探していました。そのため、ボウルにドライフードを入れても食べ物として認識しないことがあります。

「食べないから」とフードを替えても、食べるようになるとは限りません。内容の前にまず、与え方を見直して。「自分で探して食べる」喜びを得られるよう、工夫してあげましょう。

マットにばらまく

とくに家に迎えたばかりの子犬は、食器に入れたフードを食べ物として認識していないことが。マットにただフードをまくだけのほうが、遊び感覚で食べてくれることがあります。

おもちゃを使う

転がしたりたたいたりするとフードが出てくるようなおもちゃを使ってみましょう。布ではなく、こわれにくいおもちゃがおすすめです。

ノーズワークさせてみる

ノーズワークで、自分で探す楽しみを与えてあげましょう。クシャクシャにした新聞紙などにフードを入れ、ノーズワークさせてみます。

ノーズワーク用のマットをフードボウル代わりに使うのもいいでしょう。本能が満たされるので、食が細くなったシニア犬にもおすすめの与え方です。

食欲を刺激する

フードのにおいが立つよう、あたためるのもいいでしょう。チーズを少しまぶすだけでも、食欲が刺激され食べてくれたりします。

場所を変えてみる

家の中より、外でなら食べる子もいます。どんな状況、場所なら食べてくれるか、場所を変えたり、ベランダや庭であげるなど試してみましょう。

完食を経験させよう

食べないからといっておやつを与えていると、「残すともっといいものがもらえる」と思うようになります。フードを残したらその分の量を、次回のごはんで減らしましょう。完食の経験をさせ、食べ切ったらほめてあげます。食後に特別なごほうびを与えれば、「食べ切ればいいことがある」と覚えてくれます。

食いしん坊柴には

　食欲が旺盛すぎる、食いしん坊柴は「時間をかけて食べること」を経験させてあげましょう。あまり早食いばかりしていると、消化不良になる心配があります。器や与え方で工夫してみましょう。

器を早食い防止用にする

早食いの子は、中に突起があったり、凹凸があって食べにくい、早食い防止用のフード容器を使うといいでしょう。ゆっくり食べることで、消化不良や吐き戻しを予防できます。

おもちゃを使う

うまく傾けないとフードが出てこないおもちゃもおすすめです。食べるのに時間がかかり、早食いを防ぐことができます。組み合わせ方で、フードの出方を調整できるおもちゃもあります。

リックマットで食べさせる

リックマットにペースト状のフードをぬったり、フードをばらまいて食べさせてみましょう。凹凸があって食べにくく、時間をかけ楽しんで食べるようになります。

意外と気づかない⁈

食事のNG

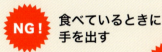

「うちの子は食への執着が強くて、食べているときにうなったり、攻撃したりしてくる……」。
そんな悩みを持っていませんか？　もしかしたら、
飼い主さんの行動や環境の影響で、ナーバスになっているのかもしれません。
次のようなことをしていないか、「食事のNG」をチェックしてみましょう。

NG！ 食べているときに手を出す

NG！ 食べているところをずっと近くで見ている

NG！ 食事の場所が子供や人の動線上にあって落ち着けない

NG！ 多頭飼育の場合、おたがいが食べている場所が近すぎたり、ガードされていない。

NG！ 人が騒いでいてうるさい

ゴハンは落ちついて食べたいワン！

こうしたNGを避けるだけで、食への執着が減り、落ち着いてごはんが食べられるようになるケースも多いもの。126ページの方法と合わせて、ぜひ食事の環境を改善してあげましょう。

ここに注意　子犬には必要量を与えて

太らせたくない、大きくしたくないからといって、子犬のころに食事を減らして与える人がいます。子犬時代は必要な栄養素をしっかり与える必要があります。制限すると、のちに健康に影響する心配も。食事量で体格が決まるわけではないので、目安の量をきちんと与えましょう。

肥満ぎみ、といわれたら

―― 1～1歳半ごろの体重が理想体重

柴は1～1歳半ごろの体重が、理想体重の目安です。去勢や避妊をすると太りやすくなるので、肥満にならないよう気をつけてあげましょう。

肥満になると足や関節に負担がかかるだけでなく、糖尿病など病気にもかかりやすくなります。体重が増え、「太ったかも？」と思ったら、医師に相談してみましょう。

ベストコンディションをキープ

肥満のサインは？

モコモコの冬毛だったり、ずん胴体型だったりすると肥満に見えてしまいます。胸からお腹にかけてふれ、肋骨がわかれば適正でしょう。かろうじて感じられる程度なら太りぎみ、脂肪に覆われ肋骨がわからないときは太りすぎです。

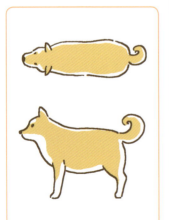

腰のくびれがなく、腹部が垂れ下がっていたり、背中が平らなときは太りすぎかも

夏

冬

柴犬は、冬は下毛（アンダーコート）の冬毛が生えて全体的にふんわり、ふっくらしますが、夏になるとその大半が抜けてスマートになります。

コロコロ柴のダイエット法

フードを換えてみる

食べすぎ傾向なら、いつものフードをダイエットフードにしてみましょう。同じ量でも食物繊維の含有量が多く、カロリーを抑えつつ満腹感が得られるよう工夫されています。

散歩の質を変えてみる

散歩をいつもより長めにしたり、同じ散歩時間でも坂道や階段をルートに取り入れると消費カロリーは多くなります。

運動量を増やす

ドッグランやロングリードで走らせたり、ボール遊びを取り入れましょう。運動が苦手なら、家でクッションを乗り越えさせた後にごはんを与えるなど、ごほうびを使ってがんばらせてみましょう。

野菜をトッピングしてみる

ドッグフードの量を減らし、その分ゆでキャベツなど野菜をトッピングしてみましょう。かさ増しになり、ワンコも満腹感を得られます。おからや豆腐もいい食材です。

 ダイエットのペースは？

急激に体重を減らそうとすると、カルシウムが不足したり、筋肉が落ちてしまいます。ダイエットは3カ月～半年ぐらいの長期で行い、目標体重に近づけていきましょう。

Column

手づくりフードを与えてみよう

マイ柴に、手づくりフードを与えてみるのもいいでしょう。犬にとって最適な栄養バランスで作るのは難しいので、毎日の食事は「総合栄養食」のドッグフードを与えるのが基本です。手づくりはときどき挑戦。特別な柴ごはんタイムを楽しんでもらうといいでしょう。

おいしいごはんは大歓迎♡

柴ごはんのバランスの目安

動物性タンパク質
肉、魚などの動物性たんぱく質は全体の1/2ほど与えましょう。骨が入らないようにし、食べやすい大きさにカットしておきます。

穀類
炭水化物も1/4ほど混ぜ込みます。炊いた米でもいいですが、中には苦手な子もいます。もち麦やハト麦を入れたり、ようすを見ながら調整してみましょう。

野菜類
食物繊維やビタミンが豊富な野菜類も1/4程度与えます。消化しやすいようよくゆでるかレンジでチンし、食べやすい大きさにカットして与えましょう。

味つけはなしで！
ワンコに調味料は不要です。塩分、糖分を加えないでも、ゆでたりすればだしが出ます。だし汁を加えてもよいでしょう。

おすすめ食材 ○

- **肉類**
  鶏、牛、豚、馬
- **魚類**
  サーモン、マグロ、タラ、アジ など
- **卵**
  ※ 生の白身はNG
- **野菜**
  ブロッコリー、トマト、白菜、大根、きゅうり、かぼちゃ、ニンジン、キャベツ、サツマイモ、チンゲン菜 など
- **乳製品**
  ヨーグルト、無塩のチーズ
- **豆類**
  豆腐、おから、納豆、春雨
- **果物**
  バナナ、りんご、ブルーベリー など

ここに注意 与えてはダメ！ ✕

中毒を起こすもの
- ✕ ネギ
- ✕ タマネギ
- ✕ ブドウ
- ✕ 干しブドウ
- ✕ マカデミアナッツ
- ✕ アボカド
- ✕ ニンニク
- ✕ チョコレート
- ✕ ココア
- ✕ コーラ
- ✕ コーヒー など カフェイン類
- ✕ キシリトール など

飲み込むとキケン
- ✕ 鶏の骨、魚の骨 など

消化が悪いもの
- ✕ エビ
- ✕ カニ
- ✕ タコ
- ✕ イカ
- ✕ 貝類
- ✕ 牛乳（犬用ミルクはOK）
- ✕ しいたけ
- ✕ こんにゃく など

人の食べ物
- ✕ 菓子類
- ✕ 塩分、糖分が多いもの
- ✕ トウガラシなど香辛料
- ✕ ハム、ソーセージ、かまぼこなどの加工食品
- ✕ アルコール類 など

Part 8

習慣にしたい柴のお手入れ

お手入れが必要な 3つの理由

ブラッシングや体の各パーツのお手入れは、柴犬の健康と快適さを保つために大切です。子犬のころからならし、毎日お手入れしてあげましょう。

理由 1

被毛の美しさをキープ

柴犬は換毛期に限らず抜け毛があり、毎日のブラッシングは欠かせません。毛並みを美しく保ち、不要な毛やホコリを取り除くことで蒸れを防いで皮膚病の予防にもつながります。ダニ、ノミなどを発見することもできます。

お手入れでピカピカ！

理由 2

健康状態を確認できる

飼い主さんがブラッシングや耳、目、歯など体の各パーツをお手入れすることで、健康状態をチェックできます。耳は赤くない？　目やには出ていない？　口臭は？　と毎日気をつけて見ていれば、異変の早期発見につながります。

耳は？　目は？　歯は？
毎日確認できるよう、子犬のころからふれられるようにトレーニングしておきましょう。

理由 3

病気を防げる

毎日のお手入れは、病気の予防につながります。ブラッシングすることで被毛、皮膚を清潔に保てますし、毎日の歯のケアは歯周病から犬を守ります。マッサージで全身の血の巡りをよくすれば、筋肉や関節のトラブルを防げます。

信頼する飼い主さんにマッサージされると、リラックスします。

柴犬は毛が大量に抜ける？

柴犬の被毛は二重構造

柴犬の被毛は「ダブルコート」といわれる二重構造で、上毛（トップコート）と下毛（アンダーコート）が生えています。上毛は硬く紫外線や刺激から皮膚を守り、下毛はやわらかく保温の役割があります。この両方の毛がシーズンにより抜け替わることで、柴犬は体温調節をしているのです。

冬にはやわらかな下毛が保温のためにみっちりと生え、見た目もふっくら。夏は下毛が抜けて通気性がよくなり、ほっそりとします。

換毛期は年2回

毛が抜け替わることを換毛といいます。柴犬には3月後半～7月ごろまでと、9～11月ごろまでの年2回、換毛期があります。衣替えするように、春の換毛期には下毛がたくさん抜け、秋の換毛期には上毛がたくさん抜けて下毛が増えます。まるで衣替えのようです。

その抜け毛の量は、衝撃的です。毎日ブラッシングしても抜け続け、もはや「柴がもう1頭できるのでは？」というほどの毛の量になります。

ゴッソリ！これで1カ月半分！

Part 8　習慣にしたい柴のお手入れ　お手入れが必要な3つの理由

快適さを保つ ブラッシングのコツ

ブラッシングは毎日の習慣に

　柴犬は抜け毛が多いので、毎日のブラッシングが欠かせません。ふれられるのが苦手な子も多いので、子犬のころからブラッシングにならしましょう。

　ブラッシング嫌いにさせないよう、ごほうびを与えながら少しずつならします。換毛期だけブラッシングすると嫌がるようになり、手間が倍増することも。ブラッシングを毎日の習慣にしていきましょう。

コングに差し込んだおやつを食べさせ、いい気分にさせておきながらブラッシング。

柴におすすめ

ブラッシンググッズ

スリッカーブラシ
かぎ状に曲がった細い針金が抜け毛をからめとります。毎日のブラッシングや換毛期に大活躍。ついた抜け毛が簡単に取れるタイプも。

ラバーブラシ
短い突起のあるゴム製ブラシ。なでるようにすると抜け毛が無理なくとれ、マッサージ効果も。

コーム
毛流れを整えたり、顔まわりなど細かい部分を整えられる。スリッカーで全身をとかしたのちの仕上げ向け。

ブラッシングの プレ・トレーニング

獣毛ブラシ & ピンブラシで

　ブラッシングは、小さいうちからならしましょう。最初は肌当たりのソフトな獣毛ブラシを使います。ブラシをまず見せ→かがせ→ふれて形にならして。次に動かす動作に、最後に肌への刺激にならし、超スモールステップで進めます。いずれも、ごほうびで気を引きながら行います。

1 ブラシを見せる

いきなりブラッシングをはじめないこと。最初はただブラシを近づけ、柴犬が見たらごほうびを与えます。

2 かがせる

ブラシをこわがらなければ、ブラシのにおいをかがせてみます。

3 軽くあてる

ごほうびを与えつつ、獣毛ブラシ側を軽くあてます。痛くないことを感じてもらいます。

4 そっと動かす

獣毛ブラシの感触になれたら、そっと動かしてみます。最初は背中からです。

5 足や胸元にもふれて動きにならす

おやつを入れたコングで気をそらし、足や胸まわりもそっとブラシがふれた状態で動かします。動きになれたら、やさしくとかしてみましょう。

6 「とかす」刺激にならす

獣毛ブラシでとかせたら、ピンブラシ側でも 3〜5 のようにとかしてみます。ブラシの毛やピンがあたる刺激にならしていきましょう。

Part 8 習慣にしたい柴のお手入れ　快適さを保つブラッシングのコツ

ブラッシングの手順

たまにしかしないともつれた毛がからんで痛いので嫌がるようになります。短い時間でも、毎日してあげましょう。

とくに換毛期は毛がたくさん抜け、首まわりとおしりは毛が詰まりやすくなるので念入りにブラッシングを。下毛がよくとれるラバーブラシや手袋型ブラシを使っても。

スリッカーの持ち方

握りしめると力が入りすぎるので、親指と人さし指、中指で軽く持ちます。

1 ブラシを見せ、かがせる

獣毛ブラシでプレ・トレーニングしたように、最初はただスリッカーを見せ、においをかがせてみます。スリッカーはこわいものではないと確認してもらいます。

2 軽くあて、背中をとかす

ごほうびで気を引きながら、スリッカーを軽く背中にあてます。ふれられても、痛くないことを感じてもらいましょう。なれたら、そっととかします。

3 太ももまわりをとかしてみる

コングに入れたごほうびで気を引き、夢中になっている間に後ろ足（太もも）をとかします。

スリッカーは長い距離を動かすのではなく、短いストロークで毛先に向かってとかしましょう。

4 おしりまわりをとかす

とくに毛が抜けやすい部分なので、ていねいにとかしましょう。シッポはあまり体のほうに折り曲げると傷めるので、軽く持ち上げる程度にします。

5 シッポをとかす

敏感な部分ですが、シッポも毛先までとかしましょう。柴が嫌がったり気にするときは、ごほうびのグレードを上げてみます。

6 首まわりをとかす

首のまわりも、毛が抜けやすい部分です。念入りにとかしてあげましょう。あまりに毛が抜けたときは、一度下記のようにスリッカーから毛を取り除いてから行うといいでしょう。

ラバーブラシを使っても

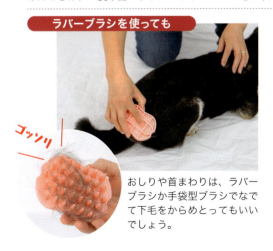

ゴッソリ

おしりや首まわりは、ラバーブラシか手袋型ブラシでなでて下毛をからめとってもいいでしょう。

毛の取り除き方

抜け毛はスリッカーにコームを差し込み、はがすように持ち上げると簡単に取れます。

毎日お手入れしよう

── 子犬のころからふれる習慣づけを

ブラッシングだけでなく、目や耳、歯、爪のお手入れも欠かせません。子犬のころから「お手入れに役立つ3つの柴トレ」（→p.106）を行い、足や体、口まわりなど体の各部位にふれられるようにしておきましょう。

どのお手入れも、できれば2人でするといいでしょう。ひとりがごほうびで気を引けば、よりスムーズにお手入れできます。

目 をきれいに

目のまわりが目やにで汚れていると、感染や炎症を起こしたり、涙やけといって被毛が茶色く変色したりします。柴犬は涙やけを起こしやすい犬種ではないですが、毎日チェックし、汚れていたらふいてあげましょう。

いつもピカピカでいたいの

1 目のまわりをチェック

目頭からマズルにかけて。目やにがついていないかチェックしましょう。涙やけするのもこの部位です。

2 目のまわりをふく

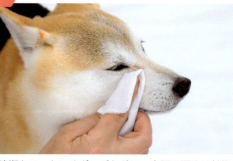

清潔なコットンやガーゼなどに、市販の涙やけ対策用ローションをつけてやさしくふいてあげましょう。

歯みがきを習慣に

歯みがきをしないと、歯垢や歯石がたまります。歯が汚れると口臭がするようになり、歯茎が腫れて歯周病になってしまいます。歯槽膿漏が悪化すると、歯がぐらついて抜けるばかりか、顔が腫れたり、頰の皮膚が裂けることすらあります。毎日、歯をケアしてあげましょう。

●ガーゼや歯みがきシートで

清潔なガーゼや市販の歯みがきシートを指に巻き、とくに歯のつけ根付近をこすってあげましょう。シートは人さし指に巻き、前歯から奥歯までふきます。

●歯ブラシで

犬用歯ブラシは、えんぴつを持つように握ります。歯のつけ根にブラシをあて、磨いてあげましょう。力は入れすぎず、軽く小刻みに動かします。

歯のケアグッズ

歯みがきシート
犬猫専用の歯みがきシート。ウエットタイプで、こすっても破れにくく使いやすい。

犬用歯みがき粉
ペット用歯みがき粉。犬が好きなチキン味などもある。人用のキシリトール入りは犬にはよくないので使わないで。

歯みがきガム
かむことで歯垢が取れるガム。口臭予防にクロロフィル入りなどもある。

デンタルケア用サプリ
食べることで、口内環境を改善するサプリ。口臭や歯垢、歯石を軽減。

爪切りはこまめに

爪は、地面との摩擦により削れていきます。運動量が多かったり、固い道を歩いたりすると自然と削れますが、爪が地面に着くようなら伸びすぎです。肉球からはみ出さない程度の長さにカットしてあげましょう。

柴犬は、足先にふれられるのを嫌がります。「オテ」（→ p.106）で事前にふれるのにならしたうえで、こまめに切るといいでしょう。

一度に全部切ろうとせず、最初は1、2本ずつ切ってもいいでしょう。

爪切りグッズ

ギロチン型爪切り
爪を穴に通し、そのまま握るとスライドしてきた歯が爪をカット。

爪やすり
切ったあとを削ってなめらかに。

爪切り前にプレ・トレーニング

お手をさせ、前足を軽く握ってみます。できたら、ごほうびを与えます。

徐々に、ぎゅっと圧をかけて握るようにしましょう。できたらごほうびを与えます。さらに、指先にだけ圧をかけ、爪先をさわれるようにします。

1 気をそらしながら爪切り

刃が上にくるように持つ。

爪切りは、なるべく2人で行いましょう。1人が体を抱えながら、フードを詰めたコングなどで気を引きます。その間に、爪を切ります。

2 後ろ足も気をそらしながら

後ろ足の爪も、同様に気をそらしながら切ります。後ろ足は横に広げず、自然な角度で後ろに曲げてあげましょう。

3 仕上げはやすりで

深爪すると、出血してしまいます。先端だけをカットし、あとはやすりをかけて整えましょう。

耳 をチェックしよう

柴犬の耳には自浄作用があり、汚れは自然に出てきます。また、中に毛が生えて異物は入りにくいので、毎日掃除する必要はありません。顔まわりをぬぐうときなどに、一緒にさっとぬぐう程度でいいでしょう。ただし、トラブルはないかチェックは必要です。

1 耳の汚れ、色を見る

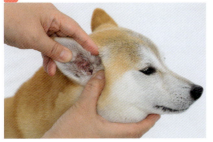

耳の見える部分をのぞいてみます。汚れていたり、赤くなっていないか確認しましょう。

2 においをかいでみる

耳に顔を近づけ、においをかいでみましょう。菌やダニが繁殖していたり、炎症があるとくさいにおいがします。

3 ガーゼやコットンでふき取る

見える部分を軽くふきます。汚れていたら、洗浄液を耳に垂らし軽く耳をマッサージします。犬が頭を振ると、汚れが出てきます。

イヤークリーナー

清潔を保つボディケア

毎日の散歩後にふいてあげよう

柴犬の日々のお手入れは、毎日お散歩から帰ったときに体をふく（→ p.158）程度で十分です。シャンプーは、よほど汚れたときなど、多くても1〜1カ月半に1回行えばいいでしょう。

ふれられるのを苦手にしないよう、子犬のころからハズバンダリートレーニングをしてならしましょう。まめにふくことで、「いつもしている当たり前のこと」と思えるようにします。

苦手なケアの下準備

ハズバンダリートレーニングって？

「ハズバンダリートレーニング」とは、動物の健康管理のためのトレーニングです。「受診動作訓練」とも呼ばれ、協力的なふるまいを学びます。このトレーニングをすることで、苦手になりがちなお手入れを受け入れやすくなります。

たとえば、体をふくためには、次のように細かく工程を分けて練習します。

❶ おすわりしたまま動かないでいる
→ できたらごほうび

❷ じっとしている間に、タオルが体（背中、頭、胸、お腹、足）にふれる
→ それぞれ、できたらごほうび

❸ じっとしている間に、濡れタオルが体（背中、頭、胸、お腹、足）にふれる
→ それぞれ、できたらごほうび

このように段階をわけて少しずつ行い、嫌がらずできるようになったら、次のステップに進みます。

嫌がって逃げてしまったら、無理せず時間をおいて前の段階までを練習します。根気がいりますが、お手入れは一生のこと。あせらずじっくり取り組みましょう。

シャンプーの手順

シャンプーは、時間の余裕があるときに行いましょう。ちゃんと乾かすには、数時間はかかります。2人いたほうが楽にできます。

シャンプー平気♪

1 全身をブラッシング

ぬらす前に、全身をていねいにブラッシングします。抜け毛をなるべく取っておきましょう。

2 グッズを準備

犬用のシャンプーとリンスを用意します。人用だと犬の肌に合っていない成分が入っていることもあるからです。あらかじめ洗面器に、泡立てネットやスポンジで泡を立てておきます。

3 体〜顔をぬらす

シャワーヘッドを体につけ、弱めの水圧でぬらします。横に添えた手にためたお湯で、下半身から上半身へとぬらしていきましょう。顔は最後で、最低の水圧に。目や耳にお湯が入らないよう、カバーしながらぬらしましょう。

Point
- 水温は約38℃
- シャワーヘッドは体、頭から離さない
- 水しぶきが飛ぶほどの水圧・音はコワイ!

4 泡をつけおしりから洗う

泡を体にのせ、泡で包むようなイメージでおしりから洗います。シッポも泡をつけ、両手で包むように洗います。

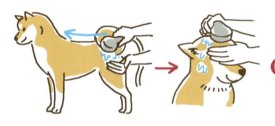

肛門腺は

肛門腺からは排便のときなどに自然と分泌液が出ていますが、臭うのでシャンプー前などに絞るといいでしょう。ゴム手袋をし、ティッシュで絞った分泌液を受け止めます。

Part 8 習慣にしたい柴のお手入れ　清潔を保つボディケア

5 下半身から上半身へ

背中とお腹に泡をつけ、胴体から首まわりへと上に向けて洗います。

6 後ろ足と前足を洗う

前足のほうがさわられるのが苦手なので、後ろ足から洗います。つけ根から足先に向けて洗い、足裏もていねいに洗いましょう。

7 顔と頭をやさしく洗う

泡を頭にのせ、目に泡が入らないよう注意して洗います。おでこ、鼻筋、耳もきれいにしましょう。

8 よくすすぎ、リンスも流す

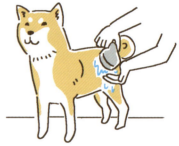

ぬらすときと同様にシャワーヘッドを体につけ、手にためたお湯でためすすぎします。リンスは洗面器に溶き、顔以外の全身にかけて。なじませたら、ためすすぎして流します。

タオルドライ中

吸水性がよく、速乾性のあるタオルで手早く水分を取ってあげましょう。

9 タオルでよくふく

ブルブルして水気を飛ばしたら、タオルで体を包んでふきましょう。顔や耳もていねいにふきます。

ドライヤーのかけ方

下毛までしっかり乾かしましょう。ぬれたままだと、菌が繁殖しやすくなります。ブラッシング（→ p.182 〜）と同様、段階をふんでならしていきます。

ブローのプレ・トレーニング

ドライヤーを見せ、ごほうびを与えます。こわいものではないと、覚えてもらいましょう。なれたら、目の前で動かします。

ごほうびを与えながら、体の上で風を出さずにドライヤーを動かします。なれたらごほうびを与えつつ、最初は遠くから、短時間だけ風を出してみます。

1 気を引きながらブロー

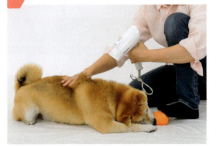

ブロー中はコングなどで気を引きます。ドライヤーは熱くせず、風量は強めで犬から30cmは離します。水分を飛ばすイメージでブローしましょう。

2 お腹や耳、足もブロー

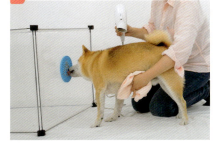

お腹はリックマットを使い、立った状態でブローするといいでしょう。耳の先端や足の指の股など水気が残りやすいところはとくにタオルでよく水分をとってからも、しっかりと乾かします。

Point
- 顔には直接風をあてない
- 毛の根元に風をあてる
- 耳やシッポのつけ根、脇、内股、肉球の間などもしっかり乾かす

地肌を乾かすように、毛の根元に風をあてます。

マッサージで絆を深めよう

ーー リラックスして信頼感もUP

飼い主さんにふれられても平気になったら、マッサージを試してみましょう。血行とリンパの流れを促し、関節の動きをよくする効果が期待できます。シニア犬の寝たきり予防にも効果的です。
柴犬が飼い主さんに身をゆだねてリラックスできれば、いっそう信頼感が増し絆も深まります。

基本のマッサージ・テクニック

柴犬が心地よく感じる、基本のテクニックを知っておきましょう。

さする（エフラージ）

筋肉全体を引き伸ばすように、やさしく圧をかけてマッサージします。マッサージするうちに、体がだんだんと温まってきます。

ほぐす（サークル）

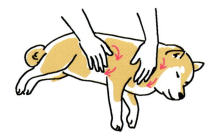

指の腹を使い、筋肉を伸ばすイメージでやわらかく円を描くようにさすります。筋肉がほぐれて血流がよくなり、筋膜の癒着などを取り除きます。

もむ（ペトリサージ）

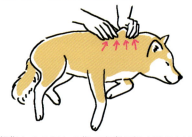

親指とそのほかの指で皮膚を軽く引き上げ、持ち上げるようにしてもみます。血流をよくし、固まった組織をやわらかくします。

揉捏（じゅうねつ）（フリクション）

揉はもむ、捏はこねるという意味で、指の腹でゆするようにもみほぐします。血行がよくなり、筋肉がやわらかくほぐれます。

マッサージしてみよう！

マッサージは、飼い主さんに余裕があり
ゆったりした気持ちのときに行いましょう。
自分の手が冷たいときは、こすり合わせて温めておきます。

ここに注意　マッサージを避けるとき
- 病気や体に心配があるとき
- 犬の体調に不安があるとき
- 食事の前1時間、食後2時間

肩甲骨まわり

親指の腹を使い、肩甲骨周辺を「サークル」でほぐします。肩甲骨の上から肩の関節に向け、筋肉を伸ばすイメージでやさしく半円を描きましょう。

背中

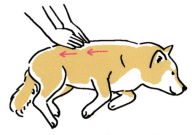

背骨の両脇に手を置き、「エフラージ」でマッサージします。筋肉にアイロンをかけるようなイメージで、背中の上から下へとゆっくりと手を動かします。

首のまわり

首の後ろをはさむように親指をあて、筋膜を横に伸ばすように「ペトリサージ」でマッサージします。首の上から下へと、順に行います。

腰のまわり

「フリクション」の手技を使います。親指の腹でやさしく圧をかけながら、筋肉を広げるように行ないます。筋肉がやわらかくなり、体が楽になります。

マッサージのメリット
- 体を動かすのが楽になる
- 体の異変に気づく
- 信頼感が深まる
- リラックスできる

ごくらくごくらく…

Part 8　習慣にしたい柴のお手入れ　マッサージで絆を深めよう

Column

季節ごとの柴ケア POINT

柴犬のケアは、季節ごとにポイントがあります。気をつけたい点を知って、年中快適に過ごさせてあげましょう。

ただ、昔と違って柴犬も室内飼いがスタンダードになりました。抜け毛が季節を問わず多くなったり、マダニも一年中注意が必要だったりします。住んでいる地域によっても異なるので、動物病院で医師に相談してみるといいでしょう。

春夏秋冬、快適希望

春　抜け毛がゴッソリ！

ゴッソリとアンダーコートの冬毛が抜ける季節です。毎日のブラッシングを欠かさないようにしましょう。5月ごろになると除草剤やアリの忌避剤などがまかれることがあり、拾い食いに気をつけたい時期でもあります。ノミ・マダニ・フィラリア予防の投薬タイミングを、医師に相談しましょう。

秋　再び抜け毛の季節

夏毛から冬毛に代わる季節で、やはり抜け毛が多くなります。毎日ブラッシングしてあげましょう。10〜11月はまだ蚊もいるので、フィラリア予防を継続します。散歩道によってはギンナンや柿などの実が落ちていることがあります。拾い食いにも気をつけましょう。

夏　熱中症対策を

熱中症予防が大切な季節です。柴犬にとっての適温は25〜26℃前後なので、室内では必ずエアコンをつけましょう。暑い日は、散歩も早朝や夕方は気温が下がってからが安全です。それでも室内外の気温差は大きく、負担がかかります。散歩前に少し遊び、体温を上げてから外に出ましょう。砂浜などは、やけどするほど熱くなるので日中歩かせてはいけません。

盛大にヌケます

冬　散歩を楽しんで

柴犬は寒さに強めですが、室内飼いになれたためか寒がる子もいます。散歩前には一緒に遊んだりマッサージして、体を温めてあげるといいでしょう。雪は大好きな子が多く、ズボズボとはまって遊びます。ぬれた毛が凍り、体中で氷玉になったりするので、よく落とし、しっかりと乾かしてあげましょう。

夏は涼しく

Part

9

健康管理で
ご長寿柴をめざす

健康を守る
4つのポイント

大事な家族の健康管理をしてあげられるのは、飼い主さんです。元気に過ごし、長生きしてもらうために、覚えておきたいポイントです。

POINT 1
毎日観察し、違いに気づく

柴の異変に真っ先に気づけるのは、毎日一緒にいる飼い主さんです。体のケアをするとき、散歩や遊んでいるときなど、いつもとの違いはないか気にかけましょう。

ようすが違うときは、早めに動物病院を受診します。

POINT 2
食生活をコントロール

コロコロの子犬から成犬、動きが少なくなるシニア犬と、成長段階に応じて必要な栄養や質は変わってきます。ライフステージに合った食事を選んであげましょう。

柴は肥満の予防も欠かせません。食事や運動、おやつの量をコントロールし、体重管理をしてあげましょう。

どこかかゆい？ ストレスは？
ようすをよく観察しましょう。

かかりつけ医を決めておく

　いざというときにあわてないよう、子犬を迎えたら早めに動物病院を探しておきましょう。通いやすい場所にあると便利です。
　近所の飼い主さんに、病院の情報を教えてもらうと参考になります。

安全な環境で飼う

　家の床はすべらないか、逃げ出す心配はないか、散歩中に危険はないかなど、安全に気を配るのも飼い主さんの務めです。外では車に注意するだけでなく、拾い食いしそうなものが落ちている場所は避けましょう。道にまかれた除草剤や、落ちている青梅や銀杏は危険です。

チェック！　ふだんとの違いを CHECK しよう

飼い主さんの「うちの子、何か変？」といった感覚は頼りになります。
ちょっとした変化が、病気やケガのサインのことも。
こんな点に注意しておきましょう。

- ☐ 元気はあるか
- ☐ いつもどおり散歩に行くか
- ☐ 食欲はあるか
- ☐ 吐き気はないか
- ☐ 便秘・下痢はないか
- ☐ 尿の色、においはいつもどおりか
- ☐ 目の輝きはあるか
- ☐ 動くのを嫌がらないか
- ☐ ふれられるのを嫌がる部位はないか
- ☐ 体は熱くないか
- ☐ 呼吸はいつもと同じか

健康チェックを毎日しよう

いつもとの違いに敏感になろう

今日はいつもどおりに遊んでいる？ 食欲は？ オシッコの色や便に変わりはない？ といった具合に、毎日体のようすを気にかけてあげましょう。ほんの小さな違いが、病気に気づくきっかけになります。

また、お手入れと一緒に体の各パーツをチェックしましょう。異変があれば、受診したほうが安心です。

瞳も鼻もピッカピカ！

＼CHECK したい POINT／

体全体

全身にふれて。おできやしこりはないか、さわって痛がったり、ひどく嫌がる部位はないか。

皮膚・被毛

被毛は適度なつやがあれば健康です。脱毛はないか。皮膚は湿疹、イボ、赤み、フケ、ノミのフンはないか。乾いたり、脂っぽくないか。

尿

健康な尿は、黄味がかかって透明です。色はおかしくないか。回数は多すぎたり、少なすぎないか。大量に水を飲み、大量にオシッコをしないか。

便

健康な便は形を保つ程度の硬さがあり、こげ茶色です。色はおかしくないか、下痢や便秘をしていないか、血や異物は混ざっていないか。

足・足先

歩き方は正常か。爪が伸びすぎたり、足裏や肉球の間に傷はないか、何か刺さっていないか。

おしり

肛門やまわりの皮膚が黒ずんだり脱毛していないか。しきりにおしりをなめようとしたり、こすりつけたりしないか。

目

適度にぬれ、輝きがあれば健康。瞳孔の色は緑、白、赤ではなく、左右対称か。目やにはついていないか。充血や涙目になっていないか。まぶしそうに目を細めていないか。

鼻

ふれると湿っているか。寝起きと寝ているとき以外は、湿っているのが健康な鼻。鼻水や鼻血は出ていないか。色が薄くなっていないか。

口・歯

歯肉や舌はピンク色で、口臭もわずかなら健康（歯肉はもともと黒いことも）。口臭、歯の欠け、歯石がないか。歯肉が腫れたり、出血していないか。よだれが出ていないか。

耳

健康なら、内側が薄いピンク色で縁に毛が生えている。中がくさくないか。赤くなっていないか。かゆがったり、痛がる、褐色の耳垢がたまっていないか。

柴犬の平熱は？

柴犬の平熱は 38〜39℃で、人より少し高めです。ふれたときいつもより熱いと感じたら、体温を測ってみましょう。

ペット用には、先端がやわらかい直腸用と耳用の体温計が市販されています。直腸用は肛門にさすので、粘膜を傷つけないよう注意しなくてはいけません。難しければ耳用を使うか、病院で測ってもらいましょう。

動物病院の探し方・かかり方

かかりつけ医を探し、受診は早めに

柴犬を迎えるころには、かかりつけ医を探しておきましょう。通いやすくて、信頼のおける獣医さんが探せれば理想です。近所の飼い主さんたちの評判や、ネットの口コミも参考になります。

予防接種はここ、ケガはこことかけもち受診する人もいますが、同じ病院のほうが体質や病歴を把握してもらえます。かけもちの場合は薬が重ならないようメモをつけ、医師にも伝えて管理して。

受診のしかた

1 電話する

事前に電話して症状などを伝え、指示に従い、病院へ連れていきます。ネット予約が必要な病院も増えてきたので、ホームページなどで確認を。

2 必要なものを持参

便や吐いたものを持参したほうがいい場合があります。伝えたいこと（下記参照）を書いたメモや、写真、動画も診断の助けに。

3 待合室では静かに

キャリーケースに入れるか、足の間でフセかオスワリをさせ、落ち着かせて待ちます。

> **Point こんなことを伝えよう**
> - 出ている症状
> - 症状が出た時間帯、回数
> - いつから体調が変化したか
> - 食べさせたフードやおやつ
> - オシッコやウンチの量、状態 など

4 診察室では落ち着いて

飼い主さんが落ち着いた態度を見せ、安心させてあげましょう。ワクチンなど、基本的に看護師さんが押さえてくれます。好きなごほうびを持参し、処置の間に与えるといいでしょう。

こんなときは病院へ

具合が悪そう・ケガした

　犬は具合が悪くなっても自分で訴えられません。いつもより元気がない、ぐったりしている、ウンチやオシッコが明らかにおかしいなど、健康チェックでいつもと違うと思ったら早めに受診しましょう。
　ケガをしたときも、早めに受診します。痛みで落ち着きを失い、かんでしまうこともあります。やさしく声をかけ、エリザベスカラー（↑イラスト参照）や口輪をつけてから応急処置したり、移動したりしましょう。

予防接種を受ける

　予防接種は、犬の体調のよさそうなときに接種します。かかりつけ医に相談して受けましょう。
　子犬のワクチン接種を終えた1歳以降も、年1回の狂犬病予防接種が義務づけられています。ほかにも、数種の病気を予防できる混合ワクチンがあり（→p.30）、年1回の接種がすすめられています。

フィラリア症の予防

　フィラリア症は、飼い主さんが毎月きちんと薬を飲ませれば100％予防できる病気です。嗜好性のよいおやつタイプ、皮膚に塗るスポットタイプ、1回の注射で1年効く注射タイプなどさまざまな投薬法があります。
　病院では、まず血液検査で感染の有無を確認。そのうえで、いずれかの薬で予防します。フィラリア症の専門学会では、通年の予防をすすめています。

ノミ・マダニの予防

　吸血するノミ、マダニなどの寄生虫は、SFTS（重症熱性血小板減少症候群）やライム病、猫ひっかき病など人も感染するウイルスや細菌を持っています。免疫力のない人が感染すると亡くなることもあり、予防は欠かせません。
　ノミ、マダニの予防には、錠剤、おやつタイプ、スポットタイプなどの薬があります。フィラリア症と同時に予防できる、月1回投薬する薬もあり人気です。病院で処方してもらいましょう。

どうする？去勢と避妊手術

―― メリット・デメリットを知って決めよう

　繁殖させたいという希望がなければ、子犬のうちから去勢や避妊手術を検討しましょう。とくに多頭飼いをしていたり、する予定があるときは早めに決断したほうが望まぬ妊娠を避けられます。かかりつけ医と相談し、去勢、避妊手術によるメリット、デメリットを理解したうえで決めましょう。

早めに決めてね

手術の メリット

♂ 去勢手術をすると
- 前立腺や精巣の腫瘍など、生殖器の病気を予防
- 攻撃的な気持ちを抑制
- なわばり意識を抑制
- 上記からくる犬自身のストレスの軽減
- 落ち着きやすくなる

♀ 避妊手術をすると
- 卵巣や子宮の病気を予防
- 乳がん発症リスクの減少
- 生理がなくなり、ケアが不要に
- 望まない妊娠を予防
- オス犬を刺激する、ヒート（発情）によるトラブルを予防

手術の デメリット
- 繁殖できなくなる
- 全身麻酔によるリスクを伴う
- 手術後はホルモンバランスが変わり、太りやすくなる

落ち着いたね…

手術の タイミング

オスは去勢しないと権勢本能が芽生え、生後6〜8カ月には片足を上げてのオシッコをはじめます。防ぐには生後5〜6カ月ごろには手術するといいでしょう。

メスは、はじめてのヒートを迎える前の生後6〜7カ月ごろがいいでしょう。

どんな 手術？

術前に病院に相談し、検査を受けて問題なければ手術日程を決めます。

手術後は、抜糸するまでの1〜2週間はオス、メスとも傷口をなめないようエリザベスカラーをつけて過ごします。術後服を着せることもあります。

 去勢手術
全身麻酔をし、睾丸を摘出します。体への負担はメスより少なく、日帰りできる場合と、1泊入院する場合があります。

 避妊手術
全身麻酔をし、卵巣と子宮を摘出します。メスは1泊入院が一般的です。

避妊しないと迎えるヒート（発情）って？

ヒート中はオスが寄ってくるので、犬が集まる場所は避けましょう。犬用の生理パンツをはかせて過ごします。

ヒートとは、メスの発情期のことです。その間は出血があり、交尾すると妊娠します。

はじめてのヒートは生後8カ月までに迎え、妊娠しなければ出血は2〜3週間で終わります。その後6カ月周期で春と秋に起こり、ヒートが終わると偽妊娠期間が1〜2カ月続きます。その間は乳汁が出たり、ぬいぐるみを子犬に見立て子育てする犬もいます。

応急処置法を知っておこう

適切なケアで命を守ろう

ワンコのケガやトラブルは、ちょっとした油断で起こることがあります。いざというとき、適切な応急処置ができれば大事に至るのを防げるかもしれません。基本的な対処法を、ぜひ知っておきましょう。

応急処置の後は、すぐに病院へ連れていき、獣医師の診察を受けましょう。

守ってくれるって信じてる

のどに詰まった！ ➡ かき出すか吐かせる

何かをのどに詰まらせたら、見えていれば指でかき出します。のどを刺激すれば、反射で吐くこともあります。
それでも吐かなければ心臓マッサージの要領で横向きに寝かせ、首はまっすぐにし、胸を押して肺の空気で押し出します。

異物が見えれば、指でかき出します。

ここに注意　アナフィラキシーショック

ハチに刺されたり、食品や薬、ワクチンの副反応などでアナフィラキシーショックを起こすことがあります。ぐったりして、呼吸が苦しくなったり、よだれが止まらない、失禁するなどの症状が表れ、心停止や窒息で亡くなることもあります。一刻も早く受診し、治療を受けましょう。過去にハチに刺されたり、ワクチンの副反応があった場合は医師に伝えます。

熱中症になった！ ➡ 体を冷やす

犬は暑さが苦手です。炎天下に長時間いたり、室内や車でエアコンをつけずにいたりすると、熱中症になり命にかかわることがあります。

息が荒く、ぐったりしたり体が熱いのは熱中症のサイン。すぐに涼しくて風通しのいい場所に移し、冷たいタオルや水で体を冷やしましょう。意識がしっかりしていれば、薄めたスポーツドリンクや食塩水を飲ませます。

氷や保冷剤で冷やすときはタオルをあて、足のつけ根などを冷やします。

出血した！ ➡ 圧迫止血する

ケガで出血したら、清潔なコットンやガーゼで圧迫止血します。消毒液を使うと血が止まらなくなることがあるので、何もつけません。汚れがひどいときは、血が止まってから水道水で洗い流しましょう。

出血が多く止まらないときは、患部を心臓より高くし、包帯などで押さえます。早く動物病院へ連れていきましょう。

圧迫止血しつつ病院へ。

やけどした！ ➡ 20分以上冷やす

20分以上冷やしましょう。

熱湯や油をかぶったら、すぐに患部を冷やします。20分以上は水を患部にかけ続けるか、ビニール袋に入れた氷で冷やしましょう。薬品によるやけどは、人もやけどしないようゴム手袋をして流します。

心肺停止！ ➡ 心臓マッサージと人工呼吸を

❶ 右を下にして寝かせ、首をまっすぐにして舌を引っぱり出し気道を確保。
❷ 左側の足のつけ根にある、心臓の真上に両手をあて、1分に100回ほどの速さで体の1/3が沈む程度に15秒間圧迫します。
❸ 圧迫後は犬の口を閉じ、鼻の穴から10秒に2回は胸が膨らむように息を吹き入れて。
❹ ❷〜❸の心臓マッサージと人工呼吸を交互に繰り返します。

15秒心臓マッサージ、
10秒人工呼吸を蘇生するまで繰り返します。

チェック！ 防災グッズを準備しよう

- ☐ 2週間分のフードと水、食器
- ☐ ハーネスとリード
- ☐ ペットシーツ、ビニール袋
- ☐ 鑑札や迷子札（いつもハーネスにつけておく）
- ☐ 犬用靴や子ども用靴下（避難時のケガ防止）

災害に備え、柴用の非常用袋を用意しましょう。避難路を散歩コースに組み込み、ふだんからクレートを使って避難にならしておきます。

シニア犬と暮らすコツ

加齢による変化に合わせよう

柴犬にとっての1年は、人の約4年にあたります。7〜8歳にはシニア犬のなかま入りをし、足腰が弱って活動量が減ってきたり、だんだんと不調が増えたりします。

加齢によって、どんな変化が起こるかを知っておきましょう。変化に合わせることで、シニア柴が暮らしやすい環境を整えることができます。

加齢で変わること、してあげられること

視力が低下

目やにが増え、視力が衰えてきます。視力低下で物にぶつかったり、目の前を誰か通るだけで驚いてかみつくことも。ただ、犬は嗅覚である程度視覚をカバーするので、気づきにくいかもしれません。老化による白内障や緑内障も多い犬種です。

できること
- 家具の配置を変えない
- 物にぶつかりにくいよう整える
- 階段や段差に注意
- リードは短めに持つ
- サプリメントを試す
- 目が白く濁ったら受診

歯のトラブルが増える

とがった歯が削れ、あごの力が弱くなりやわらかいものを好むように。歯周病で口臭が強くなったり、歯が抜けたり、口の中が痛くて食べられなくなることも。

できること
- フードを小粒かやわらかいものにする
- 歯のケアを毎日行う
- 歯肉が腫れたら無理に歯磨きせず、ガーゼでやさしくぬぐう程度にする
- 早めに受診

聴覚もだんだんと低下

だんだんと聞こえが悪くなります。呼んでも振り向かなかったり、背後からふれると驚いたり、以前より臆病になって大きな声で吠えるようになる子も。

できること
- 若いうちからハンドサインがわかるようにしておく

最後に衰える嗅覚

発達した器官なので、衰えるのは視力、聴力のあと。よく見えずよく聞こえなくても、においで飼い主さんやフードを認識するようです。衰えると、食欲が落ちることも。

できること
- ノーズワークをする
- フードを少し温め、においを立たせる

足腰が弱ってくる

筋肉が減り、足腰が弱ってきます。長時間の散歩を嫌がり、行きたがらないことも。重心が前にかかり、ウンチのときにしりもちをついたり、体重を支えきれず足が震える子も。

できること
- 散歩はゆっくり歩く
- 床がすべらない工夫をする
- 犬用プールやバランスクッション、またぐ遊びなどで筋力をつける
- 歩行補助ハーネスを使う

関節炎やヘルニアになる

軟骨がすり減り、関節炎や変形性関節症、椎間板ヘルニアになることが。痛みや違和感で歩き方、すわり方が変わったり、動作が緩慢になったりします。

できること
- 早めに受診
- マッサージで血行を促進
- 冷やさないよう室温調整
- サプリメントを試す

肌が衰える

弾力がなくなり、シワやシミができたり、脂っぽくなったり、イボができたりします。感染による腫瘍もできやすくなります。

できること
- できものがあれば早めに受診
- 保湿する
- オメガ3脂肪酸、ビタミンEをフードに加えてみる

毛並みが悪くなる

つやがなくなり、マズルを中心に白髪が目立ってきます。毛量が減り、脱毛がひどいときは、ホルモンの病気などのことも。

できること
- ブラッシングをまめに
- 高タンパクのフードにする
- フードにビタミンEや海藻を加えてみる

トイレの失敗が増える

筋力が衰えると、排泄をがまんしづらくなり失敗が増えます。立ち上がろうと、力んだ瞬間に漏らすこともあるかもしれません。

できること
- こまめにトイレに連れていく
- ペットシーツを大きめにしたり、何枚も広めに敷く
- オムツやマナーベルトをする

居心地のいいマットやクッションで過ごさせてあげましょう。

生活を見直してあげよう

住環境を再確認

高齢になって視力が落ちても、家具の配置は覚えていたり、においである程度はわかります。住環境を大きく変える必要はないですが、つまずきそうな段差をなくしたり、いつもの居場所は快適か確認しましょう。

☐ 床はすべらない工夫を

マットを敷いたり、すべらないワックスを塗るなどして対策を。足の裏に貼るすべり止めや爪カバーもあります。

☐ つまずきやすい段差をなくす

段差をなるべくなくし、バリアフリーにします。

☐ 居場所は快適に

直射日光は当たらないか、室温は適温かをチェック。寝床は人の気配を感じられる、静かな場所にします。

散歩は無理しない

散歩を嫌がったからといって、やめるとますます筋力が衰えます。気分転換にもなるので、ようすに合わせて散歩させてあげましょう。

☐ ペースに合わせる

柴の歩くペースに合わせ、ゆっくり歩きましょう。固いアスファルトより歩きやすいやわらかい土や草の上を好むこともあります。

☐ 時間帯・気温を気にかける

夏は早朝と夜、冬は日中など、負担の少ない時間帯を選び散歩しましょう。

☐ カートを使う

長距離は歩かせず、カートに乗せて公園などに着いたら下ろしたり、歩かせるのもいいでしょう。

食事はシニア向けに

活動量が減り、成犬と同じフードを食べていると肥満になることがあります。7〜8歳になったら、シニア用ドッグフードに少しずつ切り替えます。

低カロリー
高タンパク

☐ フードはシニア用に

おすすめは低脂肪、低カロリー、高タンパクのシニア用フードです。今までのフードに混ぜ、少しずつ切り替えて。

☐ 食器の位置を高くする

器が低い位置にあると、首の負担になります。食べやすいように少し高めにしてあげて。

☐ 食が細くなったら

フードを小さめの粒にしたり、ふやかしてみます。少し温めると、においがわかりやすくなります。

排泄をサポート

排泄の失敗が増えてきたら、サポートしてあげましょう。

☐ まめに連れていく

まめにトイレに連れていきます。トイレを増やしたり、ペットシーツを広めに敷くのもいいでしょう。

☐ オムツでケア

寝ている間に体が汚れないよう、オムツやマナーベルトをしてあげます。汚れたら、まめに替えて清潔を保ってあげましょう。

基本は自分で
がんばるよ

ここに注意

気になる変化はすぐ受診！

食べられない、脱毛がある、吠え続けるなど、気になる変化に気づいたら早めに受診しましょう。

Part 9 健康管理でご長寿柴をめざす / シニア犬と暮らすコツ

柴犬がかかりがちな病気ガイド

早期発見で早期治療につなげよう

　病気に早く気づくためにも、毎日健康チェックしてあげましょう。飼い主さんが異変を感じて受診することで、治療も早くはじめられます。日々の暮らし方や日常のケアで、予防したり改善できる病気もあります。

目 の病気

物にぶつかったり、体にさわると驚いたり。見えにくいようすがあるときは、目の病気を疑って受診しましょう。

白内障（はくないしょう）

原因と症状

　水晶体が白くにごり、視力障害が出ます。老年性白内障（6歳以上）と先天性・若年性白内障（5歳以下）のほか、糖尿病や目のケガ、腫瘍が関係して起きることも。

治療と予防

　進行を遅くする目薬や抗酸化作用のある犬用サプリメントがあります。早期なら、手術で視力を回復できることも。

緑内障（りょくないしょう）

原因と症状

　眼球内を満たしている液体を外に排出できず、眼圧が高くなり、視神経を圧迫して障害が起きます。目が大きくなる、白目が充血する、目の奥が緑色に、目の表面が白っぽく見えるなどの症状が見られます。

治療と予防

　眼圧を下げる点眼薬や、レーザーを照射する手術により治療します。

耳 の病気

さわられるのを嫌がり自宅での点耳が難しいことも。エリザベスカラー（→p.203）が悪化を防ぎます。

外耳道炎（がいじどうえん）

原因と症状

　細菌やマラセチア、耳カイセンに感染し、外耳道が赤くただれて痛みやかゆみを生じます。犬は耳の後ろをかいたり、床にこすりつけたり。褐色や黄色の耳垢がつき、不快な酵母臭を発します。

治療と予防

　耳を清潔に保ちます。病院では洗浄液で洗い、抗生物質や点耳薬で治療します。

老齢性難聴（ろうれいせいなんちょう）

原因と症状

　高齢になると、年とともに蝸牛にある音を感じる細胞が減り、聞こえが悪くなると考えられています。呼びかけに反応しなかったり、寝ているときに近づいても気づかなかったりします。

治療と予防

　食事の改善、遊びの工夫などで老化の進行を遅らせることが予防になります。

皮膚 の病気

柴犬は洗いすぎると皮膚バリアである皮脂を取りすぎて皮膚トラブルの原因に。
シャンプー後はよく乾かし、保湿をして。毎日のブラッシングで血行を良くすることも大切。

アレルギー性皮膚炎

原因と症状

食物アレルギーの多くは1歳未満で発症します。原因の食材を食べると目や口、背中、肛門、足先などが皮膚炎になり、かゆがります。ホコリ、花粉、ダニ、カビなどが原因のアトピー性皮膚炎は、耳や目のまわり、四肢、胸、腹、わきなどがかゆくなります。

治療と予防

検査で原因がわかれば、可能な限りアレルゲンを排除します。薬で治療しますが、こまめに掃除をする、アレルゲン除去食にする、薬用シャンプーで皮膚を清潔に保つことなどで投薬を減らすことができます。

外部寄生虫性皮膚炎

ノミ●ノミは犬の血を吸い不快感を与え、瓜実条虫を媒介します。ノミアレルギー性皮膚炎になると、激しいかゆみで皮膚をかきこわしてしまいます。●駆虫薬には、飲用の錠剤と皮膚に塗るもの、環境にまくスプレーがあります。最近はフィラリアと同時に予防できるおやつタイプが人気。ひどいかゆみはステロイドや抗生物質で治療。シャンプーでノミのフンをしっかり洗い流しましょう。

マダニ●山林、河原、公園などの草むらに潜み、犬の皮膚に寄生し吸血します。宿主に貧血を起こすだけでなく、バベシア症、ライム病、Q熱、SFTS(重症熱性血小板症候群)など人の生命にかかわる病気も媒介します。●駆虫薬や忌避剤で予防できますが、散歩終わりに拾ってきていないかチェックを。飼い主さん自身も肌の露出を抑えるなどしてマダニに刺されないように気をつけましょう。

蚊●散歩のときなどに、鼻先、耳、肛門まわりなど毛が薄い部位を刺されます。かゆみでこするので、毛が抜けて腫れます。●蚊取り線香、忌避剤、虫除けスプレーなどでなるべく刺されないようにしましょう。

毛包虫症(ニキビダニ)●体長0.2～0.4mmの葉巻のような姿をしたダニで、健康な犬にも少数存在し免疫力が低下したときなどに増えて発症します。眼、口の周囲、足先などが好発部位で、毛穴の毛包や皮脂内に寄生するので毛が根元から抜け、フケが出て脂っぽくなります。重症化すると、皮膚が象の皮膚のように黒く分厚くなります。●フィラリア予防薬でニキビダニにも効くものがあります。免疫力が低下した原因の治療が肝心。

呼吸器 の病気

いつもと違った苦しそうな呼吸をしていたり、咳が出るときは病気かもしれません。
早めの受診が大切です。

ケンネルコフ

原因と症状

ウイルスや細菌が呼吸器に感染して起こります。とくに子犬や老犬など免疫力の弱い犬が発症しやすく、咳や発熱があり、重症化すると気管支炎や肺炎になることも。成犬でも、引越しなどの環境変化、季節の変わり目の気温変化、不適切な食餌による栄養不足などのストレスが原因で発症することがあります。

治療と予防

ワクチン接種で重症化が防げます。病院では、抗生物質やネブライザーなどで治療します。日ごろから、ストレスをかけない生活を送らせてあげましょう。

213

お腹 の病気

下痢・嘔吐は食べすぎや消化不良がほとんど。一食抜いて胃腸を休ませてもよくならなければ、違う病気が隠れているかも知れません。早めに受診を。

下痢・嘔吐（げり・おうと）

原因と症状

食べすぎ、食事の急な変化、異物の誤食、寄生虫、ウイルス、細菌、ストレスなどで起こります。下痢は水分の多い便に、血液や粘液が混じることもあります。腹痛で元気と食欲がなくなり、脱水し体力がうばわれます。

吐物に混じる黄色い液は胃液で、白い泡があったら食道炎を起こしているかもしれません。繰り返し何度も吐くと、胃粘膜が傷つき出血することもあります。

治療と予防

食べすぎ、拾い食いに注意して予防します。病院へは、なるべく新しい下痢便や吐物をビニールで密閉し持参しましょう。獣医師は飼い主さんの話も参考にしながら、便、血液、超音波などの検査をすすめます。検査でわかった原因に合わせ、治療が行われます。

膵炎（すいえん）

原因と症状

急性と慢性に分類され、急性膵炎は膵臓から分泌されるタンパク分解酵素の働きが活発になり、自分の膵組織を自己消化することで発症します。肥満気味の中齢以上のメス犬に多く、突然の激しい腹痛、嘔吐、下痢などがあり、重篤な場合は多臓器不全を起こし死亡します。

慢性膵炎は感染などで炎症が慢性的に起き続けた結果、膵組織が線維化し、消化吸収がうまくできなくなります。食欲があるのにやせていき、白い脂肪便が大量に出ます。

治療と予防

抗生剤や消炎鎮痛剤、胃腸薬や下痢止めなどで症状に対処します。入院して点滴治療が必要なことも。長期にわたり、脂肪を制限した食事療法が必須です。

ホルモン の病気

分泌する臓器がこわれたり腫瘍ができたりすることで、分泌されるホルモンが減少または増加して全身に不調をきたします。治療を続け、気長に病気とつきあっていきましょう。

甲状腺機能低下症（こうじょうせんきのうていかしょう）

原因と症状

甲状腺ホルモンが不足し、細胞の代謝がうまく働かなくなります。シニア犬に多い病気ですが、若い犬でも発症することがあります。元気がなくなり、目に輝きがなくなります。寒がりになって運動をしたがらず、寝ている時間が長くなります。心拍数はゆっくりになります。あまり食べないのに体重が増え、全体的に薄毛になり皮膚が乾燥します。耳などは左右対称に脱毛し、鼻も脱毛するとともに黒く色素沈着します。尾はネズミの尾のように脱毛してしまいます。

治療と予防

甲状腺ホルモン剤で、足りないホルモンを補います。キャベツやブロッコリー、大豆や乳製品はホルモンの働きを妨げる物質が入っているので食べすぎに注意。

コンブやワカメなどの海藻類は甲状腺ホルモンを合成するのに必要なヨウ素を含みますが、こちらも摂りすぎると甲状腺ホルモンのバランスが崩れることがあります。

偏った食事にならないように気をつけること、環境の急激な変化などのストレスをかけないことが予防となります。

泌尿器 の病気

いつもオシッコの状態をチェック。量や色、においのほか、回数やすんなり排尿できるかなどを気にかけていましょう。病気の早期発見につながります。

慢性腎不全（まんせいじんふぜん）

原因と症状

腎臓の働きが悪くなる病気です。老廃物や毒素が尿とともに排泄されず、体内に蓄積します。進行すると尿毒症になり、尿が作られなくなり死に至ります。

初期は尿の量が増え、水をよく飲むようになります。やがて食欲がなくなって体重が減り、脱水や貧血、嘔吐、ケイレンなどが見られるようになります。

治療と予防

点滴を行い、尿量を増やして体内に蓄積した老廃物を減らします。でも、一度失われた腎機能の回復は望めません。早期発見し、低リン、低ナトリウム、良質のたんぱく質を摂るなどの食事療法で進行を遅らせることが重要です。

膀胱炎・尿道炎（ぼうこうえん・にょうどうえん）

原因と症状

おもな原因は細菌感染ですが、結石や腫瘍があっても起こります。軽度なら食欲もあり元気ですが、進行するにつれ頻尿、発熱、多飲などの症状が表れます。結石や腫瘍があると膀胱や尿道の粘膜が傷ついて炎症を起こすので、痛みや血尿などの症状が出ます。尿は濃く濁り、においがきつくなります。膀胱炎の血尿は尿が出終わったころ、尿道炎は尿の出はじめに見られるという違いがあります。

治療と予防

細菌感染が原因なら抗生物質が処方されます。結晶を溶かす療法食や結石をできにくくする漢方やサプリメントで内科的に治療します。結石が大きく排出できない場合は手術で取り出します。

普段から水分を多く摂らせ、長時間オシッコを我慢させない、冷房で体を冷やしすぎないようにするなどして予防します。

骨・関節 の病気

柴犬に多いのは膝蓋骨脱臼です。生まれつきの骨格にもよりますが、床で足をすべらせないようにしておくことも大切です。

膝蓋骨脱臼（しつがいこつだっきゅう）

原因と症状

ひざのお皿といわれている膝蓋骨が、正常な位置から内側にカクンと外れてうまく歩けなくなります。小型犬に多く見られますが、柴犬にも多い疾患です。シニア犬になると靭帯が弱くなり、急激な動作で靭帯断裂を起こすことがあります。

治療と予防

軽ければ消炎剤や関節のサプリメントで症状をやわらげます。重度になると外科手術で治療します。ひざに負担がかからないよう、太らせないのが予防のひとつ。床で足をすべらせないようにしたり、段差を減らしたりして環境を整えてあげましょう。適度な運動で筋肉をつけるのも予防になります。

生殖器 の病気

オス、メス、それぞれ特有の病気があります。生殖器で起こるので、あらかじめ去勢と避妊手術をすることで予防できます。

停留精巣（ていりゅうせいそう）

原因と症状

オスの精巣は、生まれたばかりのころはお腹の中にあります。生後１カ月くらいまでに陰嚢に下りますが、性ホルモン不足や遺伝的素因で精巣が下りずに腹腔内や鼠径部の皮下にとどまってしまうことがあり、これを停留精巣といいます。

停留精巣は体温の環境下にあるため、生殖能力を欠き、腫瘍化しやすいといわれています。

治療と予防

子犬のころのワクチンや健診時に、獣医さんに診てもらいます。去勢手術で治療、予防をします。

子宮蓄膿症（しきゅうちくのうしょう）

原因と症状

避妊手術をしていない６歳を過ぎたメスの偽妊娠の時期（ヒート終了から１～２カ月）に多発。子宮内に細菌が入り、膿やガスがたまって膨らみます。食欲がなくなり、嘔吐、血膿でおしりが汚れたりします。治療が遅れると腹膜炎を起こしたり、多臓器不全で死に至ることも。

治療と予防

エコー検査でわかります。再発を防ぐため、卵巣子宮摘出手術をしたほうが安心です。高齢や持病で麻酔がかけられない場合は、抗生物質や漢方、ホルモン注射で治療することもあります。

脳・神経 の病気

足が麻痺したり、ふるえたり、排尿・排便が難しくなるなど症状はさまざまです。痛みを伴うものもあり、受診が必要です。

椎間板ヘルニア（ついかんばんへるにあ）

原因と症状

椎間板が脊柱管内に突出し、脊髄を圧迫して起こります。足がクロスして、うまく歩けなくなったりします。ひどくなると四肢が完全に麻痺し、自力による排便、排尿も困難になります。

治療と予防

ステロイド剤や消炎剤、ビタミン剤などが処方されます。脊髄の圧迫を減圧したり、突出した椎間板を取り除く手術を行うことも。鍼灸や漢方なども効果的です。

特発性前庭疾患（とくはつせいぜんていしっかん）

原因と症状

内耳にある平衡感覚を担う前庭と、三半規管のリンパ液の還流が何らかの原因で滞り起こると考えられています。老犬に多く、急に頭が傾き立てなくなります。グルグルと旋回し、眼球が左右に揺れ、気持ちが悪くて吐いたりヨダレを垂らすこともあります。

治療と予防

対症療法に加え豚肉、羊肉、ゴマ、ニンジン、カボチャなど体があたたまる食材を与えると回復が早まります。治療しても通常の生活に戻るのに１～２週間はかかり、斜頸が残るケースが多くあります。

柴犬に多い

"認知症"のこと

多くの柴犬が認知症になる

柴犬の平均寿命は14～15歳ぐらいです。そのうち90％ほどが認知症になるといわれています。早ければ13歳ぐらい、平均すると16歳ごろから兆候が表れます。

原因は老化による脳の神経細胞や神経伝達物質の減少、脳へのアミロイドの蓄積と考えられており、人と同様に有効な治療法はありません。ですが、症状の進行を遅らせるため、できることはあります。認知症でも穏やかに暮らすため、生活を見直してみましょう。

チェック！ 認知症のサイン

- [ ] 徘徊するようになった
- [ ] 鳴き叫ぶことが増える
- [ ] 昼夜逆転し、夜鳴きがはじまる
- [ ] 飼い主がわからなくなる
- [ ] 隙間に入り込んで出られなくなる
- [ ] 無気力、無関心
- [ ] 性格が攻撃的になる
- [ ] 異常な食欲

してあげよう！

◆食事を工夫

マグロ、アジ、サンマ、イワシなど、海の魚に多く含まれるDHA、EPAを与えましょう。ビタミンE、レシチンも与えたい成分です。

◆話しかけを増やす

夜鳴きや徘徊は、不安や不満からきていることも。話しかけてあげたり、大きなぬいぐるみを与えて安心させてあげるのもいいでしょう。

◆戸外でクン活

においをかぐことは、脳に刺激を与えます。足腰が弱ると散歩が減りがちですが、できるだけ散歩して草や土のにおいをかがせてあげましょう。公園などにカートで行き、30分ほど下ろすだけでもいいのです。日中に日の光を浴びて動くのは、昼夜逆転にも効果的です。

Part 9 健康管理でご長寿柴をめざす　柴犬がかかりがちな病気ガイド

シニア・病気・認知症 柴のケアのポイント

——合ったケアで QOL を高めよう

高齢になったり、病気にかかったり、認知症になると柴犬も看護や介護が必要になってきます。少しでも生活の質＝QOL（クオリティ・オブ・ライフ）を上げて穏やかに過ごせるよう、体の状態に合ったケアをしてあげましょう。

合った食事を与える

7歳を過ぎたら、シニア用フードに切り替えます。病気があれば、獣医師に相談し療法食のドッグフードにするのもいいでしょう。DHAやEPAなどが含まれたフードやサプリメントも、認知機能低下の予防が期待できます。

食欲が落ちたら、温めてにおいを立たせたり流動食を試しましょう。

水分を積極的に補給

老柴や認知柴は、のどの渇きに気づかなかったり、飲む元気がなく脱水症になる心配があります。フードをふやかしたり、ゆで野菜をトッピングしたり、肉や野菜をゆでたスープをかけ食事で摂れる水分量を増やしましょう。

どこでも飲めるよう水飲み場の数を増やし、口元に水分を運んであげるのもいいでしょう。

散歩で刺激

病気やケガのときの散歩は、体調、病状次第です。散歩して大丈夫かは、診察時に聞いておきましょう。

老柴、認知柴は、散歩することで筋力の衰えを防ぎ、刺激を受けほどよく疲れてよく眠れたりします。歩けなくてもカートで行って公園で下ろしたり、補助帯で歩かせてあげましょう。

POINT 4
トイレにまめに連れていく

歩ければ、ほとんどの犬は自分で排泄できます。オムツは自分でできるうちは避けて。なるべく自分でやらせることで、認知症や体の機能低下を防ぎます。外でしかできなければ、朝、昼、夕方などしたくなりそうな時間帯にこまめに連れ出してあげましょう。

POINT 5
排泄をサポート

排泄の失敗が増えたらオムツを使いますが、不潔にならないようまめに替えて。おしりが汚れたら、ふいたり洗ったりして清潔を保ちます。

寝たきりになると膀胱を圧迫したり肛門を刺激するなど、排泄介助が必要になることもあります。やり方は獣医師に指導を受けましょう。

POINT 6
徘徊は円形サークルを活用

徘徊するときは、円形サークルを広めに用意してその中で過ごさせてもいいでしょう。すべらないようマットを敷いておきます。獣医師に相談し、鎮静効果のあるサプリメントなどを紹介してもらうのもいいでしょう。

オムツはまめに替えてね～

POINT 7
床ずれを防止

いよいよ寝たきりになったら、体圧を分散する床ずれ防止マットに寝かせてあげるといいでしょう。1～2時間おきに体の向きを変え、床ずれを防ぎます。排泄物で汚れたら、すぐにふいて清潔を保つことも大切です。

愛しい柴とのお別れのとき

― 最期まで愛情を伝えてあげよう

　自立心豊かな柴犬ですが、飼い主さんにはとても一途です。一緒にたくさんの思い出をつくってきたワンコが衰えていくのは辛いですが、残り時間を大切に、慈しんで過ごしたいですね。

　看病や介護は、家族が複数人いれば協力し合いましょう。病院で最期まで治療を受けるのか、家で看取るのかも家族で話し合っておきます。

　最期のときがきたら、感謝を伝えてあげましょう。飼い主さんの愛情を感じながら虹の橋を渡っていけるように。

柴の見送り方

1 がんばった体をケア

愛犬が旅立ったら、がんばった体をブラシでとかし、お湯でふきます。姿勢を整え、安置に備えた処置は病院に相談するといいでしょう。

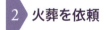

2 火葬を依頼

自治体かペット専門の葬儀社に依頼し火葬します。合同と個別プランがありますが、個別に埋葬したり、自宅に埋葬する場合は返骨を頼める個別プランがいいでしょう。

3 庭や霊園に埋葬

自宅に庭があれば、お骨を埋葬してもいいでしょう。ペット供養ができる霊園や、人と一緒に入れるお墓もあります。家族に合った、しっくりくる方法を選びましょう。

◆ そのまま庭に埋めてもいい？

所有地なら可能ですが、ほかの動物に掘り返されたり、においが出る心配があるので、1m以上掘る必要があります。

柴ロスを乗り越えるヒント

柴はしっかりとした自我があり、それだけに存在感は大きく、別れは計り知れない喪失感があります。悲しみがいえず、「ペットロス」に陥る人は少なくありません。
　いつまでも辛さを引きずらないため、思い切り泣いたり誰かに気持ちを吐き出すのもひとつの解決策です。

◆ 思い切り悲しむ
無理に元気を装ったり、感情を抑える必要はありません。思い切り泣いたり、別れを惜しむことは、ペットロスを乗り越える助けになります。

◆ 気持ちを吐き出す
辛い、さびしいといった気持ちを、家族や友人に吐き出してみましょう。話すことで、気持ちに整理がついていきます。落ち込みがあまりにひどいときは、心理カウンセリングを受けるのもいいでしょう。

◆ フォトブックで思い出に浸る
生前の写真をフォトブックにまとめてみましょう。楽しかった思い出を見返すことで、感謝が込み上げるとともに気持ちの整理もついてきます。

◆ ペット葬を行う
ペット葬を行うことで、感情にひと区切りをつけられます。愛犬と自分に合った方法で弔い、送ってあげましょう。

新しい犬を迎えるということ

新しい犬を迎えるのも、ペットロスを乗り越える助けになります。新たな犬を世話することで、先代の柴を思い出す機会も増えるでしょう。大切だった時間を忘れないことが、供養にもつながります。
　ペットロスを防ぐため、犬が高齢になる前にもう1頭飼う人もいます。

Column

定期健診で健康管理

健康状態の変化をメモしよう

食欲やフードの量、尿、便の回数と状態など、いつもの健康状態を把握し、家族で共有しておきましょう。ほかにも体重や歩き方など気になる変化があれば、メモしておきます。"何か変？"と不調の疑いがあれば、早めに受診します。受診時にそれを伝えれば、診断の助けになります。

健康診断を受けよう

1歳を過ぎたら、定期的に健康診断を受けましょう。柴犬の場合、成長スピードを考えると1年に1回でも、人間では4年に1度ぐらいの頻度になります。とくにシニアになると、病気が増えてきます。半年に1回は受けるといいでしょう。持病があれば、医師に相談して受診頻度を決めましょう。

病院も
がんばります

健康診断はいくらかかる？

健康診断の費用は検査内容によっても変わり、1万弱～3万円ぐらいが目安です。何を検査するか、うちの柴にはどれをするといいか、かかりつけ医に相談して聞いてみましょう。

健康診断ですること（例）

● **問診**
ふだんのようすを獣医師が聞いてチェック。気になる点があれば、事前にメモや動画を準備しておこう。

● **視診・触診・聴診**
関節の不具合や腫瘍、心疾患、呼吸器疾患の兆候をふれたり、見て確認。

● **尿検査**
膀胱の病気、腎臓病の発見に役立つ。

● **便検査**
消化状態や寄生虫の有無がわかる。

● **血液検査**
少しの採血で腎臓、肝臓の機能や貧血、感染症の有無などさまざまな情報がわかる。希望があれば抗体検査も可能。

● **エコー**（超音波検査）
腫瘍の有無や結石、異物の有無、胃腸の動き、心臓の血流などがわかる。センサーをあてるだけなので、体への負担が少ない。

● **レントゲン検査**
関節や骨、心臓、呼吸器など内臓の異常、腫瘍の有無などがわかる。

協力リスト
（順不同・敬称略）

撮影にご協力いただいたワンちゃんたち（順不同・敬称略）

- 白野たまご
- 浜田おと
- 鈴木花子
- 満尾ゆめ
- 有馬いちご
- 有馬あずき
- 齋藤マロ
- 関本まり
- 塩沢福
- 庭野ノワ
- 武藤コナ
- 二宮麦
- 菊池福豆
- 嶋村コマ
- 向井こま
- 向井千代
- 向井絲
- 安保リナ
- 渡邊トロワ
- 矢部なな
- 杉山あかね
- 藤原こむぎ
- 内田にこ

取材協力（ドッグマッサージ）

- 安居院千尋
  ドッグケアインターナショナルマッサージスクール代表

STAFF

- 構成　　鈴木麻子（GARDEN）／佐藤麻岐
- 写真　　中村宣一
- イラスト　千原櫻子／エダりつこ（Palmy-studio）
- デザイン　清水良子　馬場紅子（R-coco）

■ 参考文献
『いちばんよくわかる！　犬の飼い方・暮らし方』　青沼陽子／加治のぶえ・監修（成美堂出版）
『柴犬の飼い方・しつけ方』　松本啓子／青沼陽子・監修（成美堂出版）

■ 参考ウェブサイト
公益社団法人　日本犬保存会　nihonken-hozonkai.or.jp
天然記念物柴犬保存会　shibaho.net
一般社団法人　ジャパンケネルクラブ　jkc.or.jp

223

監修者紹介

青沼陽子
(あおぬま ようこ)

東小金井ペット・クリニック院長
獣医師／獣医中医師

酪農学園大学獣医学部卒業。
日本獣医中医薬学院卒業。従来の獣医療に加え、鍼灸や漢方など自然治癒力を高める代替療法を積極的に取り入れた治療に取り組んでいる。クリニックでは中学生の職場体験の受け入れ、小学校での動物ふれあい授業なども積極的に行い、地域に貢献。
愛犬・ワイアー・フォックス・テリアのチカブは加治先生に師事。おりこうワンちゃん目指して今日も元気に野川公園を走り回っています。柴犬の花子とゆめも元気に梶野公園でお散歩を楽しんでいます。
監修書『いちばんよくわかる！ 犬の飼い方・暮らし方』『いちばんよくわかる！ インコの飼い方・暮らし方』(成美堂出版)ほか多数。

加治のぶえ
(かじ のぶえ)

Dog training & Care
「おりこうワンちゃん」代表

犬にやさしい英国式ドッグトレーニングを学ぶ。２度にわたり渡英し、英国APDT公認メンバー、リン・バーバー氏に師事し、Our-Wayメソッドを習得。ディプロマ取得。常に新しい知見を得るため、グルーミングやドッグマッサージの他、栄養面からの犬の健康に関する知識も深め、探究を続けている。教育と健康の二軸をテーマに、飼い主さんのさまざまな悩みに寄り添うトータルサポーターとして活動中。トレーニング修行時の相棒は黒柴のクロスケ。ワンパク柴だったクロスケも今やすっかりお爺ワンになって、実家でシニアライフを満喫中。白髪混じりの柴犬も愛おしい！
監修書『いちばんよくわかる！ 犬の飼い方・暮らし方』(成美堂出版)。

- 本書に掲載する情報は2024年9月現在のものです。
- 本書掲載の商品等は、仕様が変更になったり、販売を終了する可能性があります。

いちばんよくわかる！ 柴犬の飼い方・暮らし方

監　修	青沼陽子　加治のぶえ
発行者	深見公子
発行所	成美堂出版
	〒162-8445　東京都新宿区新小川町1-7
	電話(03)5206-8151　FAX(03)5206-8159
印　刷	広研印刷株式会社

©SEIBIDO SHUPPAN 2024 PRINTED IN JAPAN
ISBN978-4-415-33486-8

落丁・乱丁などの不良本はお取り替えします
定価はカバーに表示してあります

- 本書および本書の付属物を無断で複写、複製(コピー)、引用することは著作権法上での例外を除き禁じられています。また代行業者等の第三者に依頼してスキャンやデジタル化することは、たとえ個人や家庭内の利用であっても一切認められておりません。